AI와 4차 산업혁명 시대를 위한

확률론적 구조해석 쉽게 이해하기

최 훈 지음

공학박사 / 토목구조기술사 / US PE Civil

도서출판 구미서관

머리말

모든 구조물의 거동에는 원인과 결과가 있고 그 원인이 인위적으로 의도된 것일 경우 우리는 "설계되었다"라고 이야기한다. 즉, 아무리 계산하고 결과를 만들어내더라도 "왜 이렇게 하는 거지?" "저와 같은 형태로 답을 만들 수밖에 없겠구나!" 등의 근본적인 사항에 관한 질문과 이해가 없다면 사실 그 기술을 이해했다고 할 수 없다고 생각한다.

업무의 일환으로 기술 학술발표회나 공개강연 등에서 발표할 기회가 종종 있다. 확률론적 구조해석에 대해서 언급할 때마다 "그런데 그거 어디에 어떻게 활용되는 것이에요?" 등의 질문을 종종 받는다. 그나마 이런 질문도 몇몇 관심이 있는 실무자들이 하는 경우가 대부분이고 대부분은 "그런게 있나 보구나~!" 하고 넘어가기 일쑤다. 아마도 설계과정에서 수행되는 구조해석과는 뭔가 다른 구조해석의 한 종류 정도로 생각하는 것이 아닌가 싶다.

필자 역시 확률론적 분석을 처음 접한 당시를 생각해 보면 내용을 깊이 들여다 보기 전에 "확률론적"이라는 첫 단어 자체가 너무나 낯설어 "토목구조를 전공한 내가 왜 이런 전공이랑 상관없는 일을 해야 할까?"라는 고민을 많이 한 기억이 난다.

주변에 토목을 전공하여 설계업무를 주로 하는 엔지니어와 이야기를 나누다 보면 그들 또한 확률론적 분석은 토목기술이 아니라고 생각하는 경향이 많음을 발견하였다.

왜 그럴까?

아래 그림은 설계기술이 개발되는 과정과 설계실무에 적용되는 과정을 보여주고 있는 그림이다. 요즘 대부분의 구조(Structural)관련 설계식은 사실적 거동에 기반을 둔다. 그 사실적 거동을 이론적 구조거동으로 연결시키는 것을 확률론적 구조해석이라

고 할 수 있다. 이후 해석결과를 일반화 한 후 하중계수나 강도감소계수 등의 설계적 안전장치를 개발하여 설계법을 완성하고 이를 실무에 적용한다.
설계법이 이미 잘 만들어져 있는데 굳이 구조분야 엔지니어로서 시간과 노력을 투자해 확률론적 분석을 배울 필요성이 있는지 한번 생각해 보자.

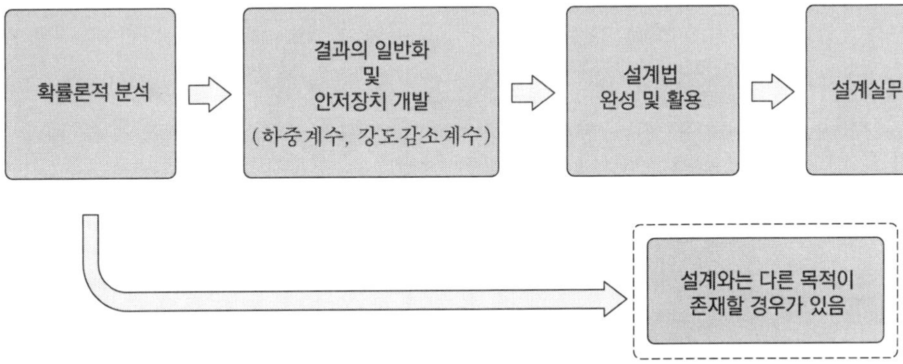

설계법 개발 프로시져 및 확률론적 분석의 흐름

그림에 표시된 것처럼 확률론적 분석은 설계와 다른 목적을 위해 수행할 경우가 있다. 구조설계란 설계법에서 정해 놓은 안전목표치의 범위 내에서 구조물이 시공 및 사용되는 것을 목표로 설계하는 행위를 말하는데 이와는 다른 목표가 있다는 것이다. 예를 들어 어느 군사시설의 한 건물안에 A라는 중요한 장치가 있고 그 장치 A가 그 군사시설의 전체성능을 결정하는 중요한 장치라고 하자. 그리고, 장치 A의 파손확률은 특정값 이하로 유지 해야하는 것이 안전목표치라고 가정해 보자. 장치 A가 시스템 전체의 성능을 결정하기 때문에 장치 A가 설치되어 있는 건물의 중요성도 더불어 강조될 것이다. 건물은 장치 A를 보호하기 위한 보호장치로써 중요성이 강조될 것이다. 즉, 건물의 안전성 뒤에 더 궁극적으로 추구하고자 하는 목적이 있는 것이다.

실제 이런 경우가 많을까?

국내의 경우 현재까지 항공우주나 원자력분야 등의 특수한 분야를 제외하고는 딱히 확률론적 분석을 필요로 하지 않았다. 가끔 연구과제 등을 통해 분석을 할 경우도 있지만 대부분이 분석에서 그치고 분석 결과를 실무와 연관지어 활용하는 경우는 상당히 드물었다. 활용성에 한계가 있었던 이유에는 여러가지가 있겠지만 가장 궁극적인 이유는 그동안은 활용할 필요가 없었던 것이 가장 큰 이유가 아닐까 생각해 본다.

국내 일반산업계에서는 20~30년 전만 해도 확률론적 분석의 필요성을 느끼지 않았다. 우리나라 환경상 미국 등 선진국에서 개발된 설계법을 참조하여 국내사정에 맞게 고쳐 사용하는 것이 일반적이고 그런 방법이 효율적이었기 때문에 기술개발이 사실 그렇게 절실하지는 않았던 것 같다. 실제로 산업구조도 확률론적 분석을 통해 기능성을 확증해야 할 만큼 민감한 첨단산업이 주류가 아니였던 것도 사실이다.

그러나, 앞으로는 지금과는 좀 다를 것 같다는 생각이 든다.

최근 2025년 정부에서 발표된 "제11차 전력수급계획"의 내용을 살펴보자. 핵심 내용은 "앞으로 우리나라 산업구조가 AI 및 데이터센터 등으로 개편되어 전력이 많이 필요로 하니 전력시설을 확충해야 한다."는 것이다. 즉, 앞으로 우리나라는 AI 및 데이터센터 등의 정보통신산업을 국가핵심산업으로 추진하겠다는 의미임을 알아야 할 것이다. 이것을 우리 구조엔지니어의 언어로 바꿔보면 "우리나라 산업은 전통산업구조에서 첨단산업으로 개편되고 단일 시설물의 중요성과 비용이 증대되면 구조물은 이제 더 이상 주거용이나 기계 등을 올려놓는 받침대가 아니라 구조물 자체가 기능성을 가지고 전체 시스템을 보호하는 성능단위 중 한 부분을 차지할 것이라 예측할 수 있다." 라고 번역할 수 있을 것이다.

2022년 판교 데이터센터 화재사건으로 나라 전체가 먹통이 되었던 것을 우리는 반드시 기억해야 할 것이다. 단 하나의 시설로 나라 전체가 먹통이 되었다는 취약점이 그대로 드러난 사건이었다. 그때는 화재였지만, 이번에는 다른 재해로 인해 그와 유사한 일이 벌어질 수 있지 않을까? 상상을 해보자 수년후 전국에 설치된 수많은 AI설비, 데이터센터, 전력설비 등 중요시설이... 큰 지진이 일어나 먹통이 된다면... 아니면 강풍이나 우박 등으로 시설이 먹통이 된다면... 그 영향은 엄청날 것이라 생각된다. 그 피해는 건물 일부가 부서져서 복구해야 하는 수준이 아니라 어쩌면 권역 더 나아가서는 나라 전체에 파생되어 영향을 미치는 엄청난 것 일수도 있을 것으로 생각된다. 더군다나 우리나라는 국토가 좁고 특정 기술분야에 국가 경쟁력이 몰려 있는 산업구조라 국토가 넓은 나라와 비교하여 그 영향은 더욱 클 것이라 생각된다.

물론 당장 일어날 일은 아니지만, 국가 단위에서 이런 위험성을 대비하기 위한 연구 등은 현재도 진행되고 있으며 이를 대비해서 우리 실무자도 관련된 엔지니어링 기술을 익히는 것은 상당히 가치 있는 일이라 생각된다.

서울대학교 명예교수로 재직중이신 김태유 교수님께서 최근 유튜브(You Tube)(※ 언더스텐딩: 세상의 모든 지식, The Civilization 김태유의 위대한 문명사)를 통해 우리나라 경제발전역사를 주제로한 강의를 감명 깊게 들은 기억이 있다. 그중 한 내용을 소개하고자 한다.

2000년대 이전 우리나라는 국가에서 어떤 산업을 일으키려면 무조건 행정고시 출신의 행정 전문가 공무원이 책임자로 부임하고 부임하자마자 산업계 인사들을 대동하여 일본 견학을 다녀 오는게 정석 이었다고 한다. 공무원 출신 책임자의 임무는 일본의 사례를 정확히 모사하여 우리나라 산업계에서 잘 따라 할 수 있도록 행정 제반사항을 만드는 것이며 이것이 성공의 핵심요소였다고 한다. 즉, 어차피 중요 기술은 수입해 올 것이기 때문에 기술적인 핵심 내용보다는 수입해 올 기술을 잘 받아들이고 잘 사용하기 위한 제반사항을 위해 정부 관계부처의 협조를 요청하고 구성 하는게 가장 중요했다고 한다. 즉, 과거에는 우리나라의 핵심전략은 우리보다 기술 선진국이 해 놓은 것을 잘 따라가는 것이었다. 그런데 지금은 감사하게도 적어도 정보통신 및 에너지 분야 등 일부 첨단산업에서는 우리나라가 기술 선진국이 된 것이다. 너무나 감사하고 기뻐할 일이다. 반면, 실무를 해야하는 엔지니어로서는 이젠 더 이상 참조할 기술 선진국이 없어서 문제 발생시 스스로 해결해야 하거나 과거의 배움의 대상이 이젠 경쟁의 대상이란 부담감으로 인해 마냥 편하지만은 않는 것이 사실이다. 더군다나 이런 불편한 사실을 쉽게 말하지 못하는 것 자체도 불편한 현실이다. 그러나 어쩌겠는가? 공룡이 멸망한 이유가 힘이 없어서가 아니라 환경에 적응을 못해서인 것처럼 우리 구조엔지니어도 새로운 환경에 적응해야 하는 것은 선택이 아니라 필수처럼 느껴진다. 이젠 젊은 구조엔지니어 일수록 설계중심의 기초적인 사고를 단단히 하는 것은 기본이고 더불어 좀 더 창조적이고 독창적인 새로운 접근에 대한 관심이 필요한 시기라 생각된다. 그런 의미에서 확률론적 구조해석은 우리 구조엔지니어가 노력을 기울일 만한 충분한 가치가 있는 좋은 도구라 생각된다. 과거 선배들과 비교해 해야할 일도 많고 공부량도 많다고 힘들어 할 수도 있다. 하지만, 많은 미래학자가 이야기 한다. AI기술 등 4차 정보화 사회가 더 실체화 되면 기술분야도 근본적인 판단을 할 수 있고 시스템을 개발할 수 있는 탑티어(Top Tier) 그룹 일부만 남고 많은 중간 단계인력은 AI로 대체될 것으로 예측하고 있다는 것을, 그리고 실제 최근 모든 학회나 기술세미나에 단골 주제가 AI를 접목한 응용기술이다. 아마도 어쩌면 이런 새로운 흐름은 이미 시작하지 않았나 조심스레 생각해 본다.

이 책에서는 확률론적 분석의 필요성, 개념, 설계와의 비교, 예시 등을 제시하였으며 이를 통해 독자로 하여금 확률론적 구조해석의 개념을 익힐 수 있도록 구성 하였다. 예시 등은 구조해석 자체로는 아주 간단한 예시를 선택하여 구조역학문제를 풀이하는 부담을 줄이고 확률론적 분석 자체에만 중점을 두었다. 또한, 책의 제목에서도 알 수 있듯이 입문자를 위한 도서이므로 기술 내용을 선배가 후배에게 이야기하는 수필의 형식을 빌려 자유롭게 기술하여 독자가 좀더 쉽게 이해할 수 있도록 배려 하였다. 다만, 모든 데이터 및 기본 설정값들은 필자의 가정한 가상의 값이므로 실무에 참조하기 위해서는 검토가 필요하다. 그리고 실무에서 적용하는 구조해석 및 확률분석은 이 책에서 다루는 것과는 비교도 안될 만큼 복잡하므로 초심자의 입장에서 이 책의 내용만 보고 확률론적 분석을 마치 다 아는 것처럼 생각하지 않았으면 하는 바램이다. 이 책의 내용을 수학과 비교하면 중학교 1학년 수준의 기초 정도로 생각하면 좋을 것 같다. 우리가 해야 하는건 대학수준의 고등 수학임을 잊지 말아야 한다.

책을 읽어가는 과정 그 자체가 저자와의 1대1 대화 과정이라고 설명한 어느 유명한 독서 강사의 말이 생각난다. 책을 읽으면서 저자의 의도와 왜 그렇게 할 수밖에 없었는지 생각을 이해하고 공감할 수 있기 때문이라는 것이다. 필자 또한 독자에게 동시대를 함께 살아가는 선배 엔지니어의 마음으로 후배 엔지니어가 이 책을 통해 조금이라도 도움을 얻었으면 좋겠고, 또 누군가 필자가 과거에 가졌던 답답한 마음을 가지고 있다면 고민의 시간을 조금이라도 줄일 수 있었으면 좋겠다는 바람을 가져본다.

성경의 한구절을 아래에 적어 본다. 예수님께서는 진리가 우리를 죄에서 자유롭게 할 것이라 말씀하셨다. 대학원시절 공학을 공부하며 여러과정에서 어려움을 느꼈고 이 성경 구절을 읍조리며 "그래 공학기술의 진리도 나를 자유롭게 할 거야"라고 생각하면 씩~ 웃었던 기억이 난다. 이 글을 읽는 여러분도 지금부터 자신만의 자유를 찾아 나서길 바란다.

요한복음 8장 32절
"진리를 알지니 진리가 너희를 자유롭게 하리라"

제목 차례

표 차례

그림 차례

Chapter

01

확률론적 구조해석이란 무엇일까?

확률론적 구조해석(Probabilistic Structural Analysis)을 처음 접했을 때 많은 사람들은 첫 단어 "확률론적"이란 용어에서 그냥 막히는 경우가 대부분이다. 단어 자체가 너무 생소하고 이질적이기 때문이지 않을까 예상해 본다. 특히, 시방서 및 설계식 등에 익숙하고 설계와 관련된 교육을 많이 받아온 엔지니어 일수록 더욱 그러한 경향이 많은것 같다. 마치 대학에서 하는 연구 주제 같기도 하고 확률 이야기라고 하니 왠지 뜬구름 잡는 이야기로 느끼는 것 같다. 우스갯소리겠지만 "아

~ 그거 그냥 소설쓰는 거잔아!"하고 핀잔을 받고 외면 받는 경우가 사실 대부분의 반응이다. 특이한 것은 스스로 열심히 공부하고 많은 노력을 해온 엔지니어 일수록 더욱 거부 반응을 크게 보이는데 아마도 본인이 그동안 해온 것을 아끼고 지키고자 하는 마음이 더 커서 그러지 않을까 싶다. 필자도 비슷했던 것 같다. 필자의 경우 업무상 우연한 기회로 확률론적 분석을 접할 기회가 있었고, 자연스럽게 계속 접하다 보니 확률론적 분석이 설계와 동떨어져 서로 대립되는 분야가 아니라 일관된 같은 흐름속에 있는 한뿌리이며 다만 사용자의 편의를 위해 의도적으로 기술적 표현에 단계적 차이를 두었을 뿐이라는 것을 이제는 알 것 같다. 그리고 설계 자체가 확률론적 분석의 결과로 부터 출발 하였다는 것을 이해할 것 같다. 하지만 우리는 그 사실을 배우지 못해서 그동안 서로 다른 분야로 착각하고 있었다는 것을 알게 되었다.

확률론적 구조해석에 대해 알아본다는 것은 뭔가 새로운 것에 도전 해보고 싶은 사람에게는 그 나름대로 미지의 세계를 탐험하는 새로운 기회를 얻는 좋은 기회라 생각하고, 지금하고 있는 설계를 더 잘하고 싶은 사람에게는 설계법의 출처에 대한 근본적인 이해를 할 수 있는 좋은 기회라 생각한다. 그래서 생각해 보지도 않고 그냥 "그거 소설이잔아~"라고 치부하는 것은 너무 아쉬운 것 같다. 용어에서 오는 답답한 마음이 있다면 잠시 내려놓고 "확률론적"이라는 단어에 다시 한번 집중해 보고 알아보는 시간을 가져보기로 하자.

확률론적이라? 그렇다! 말 그대로 답이 결정되거나 정해진 것이 아니라 여러개 중에 하나를 선택하는 것이다. 우리는 인식하지 않아도 일상생활에서 많은 확률론적 방법을 적용하며 살고 있다. 필자는 다음과 같은 경험을 소개하고자 한다.

여름이 되면 종종 큰아이와 함께 마트에 가서 수박을 살 때가 있다. 맛있고 당도가 높은 수박을 고르는 방법이 있다고 한다. 그런데 그냥 다 똑같아 보여서 그냥 필자의 마음에 드는 것 아무거나 골라 잡는다. 큰아이가 어디서 들었는지 "아빠 그렇게 하면 안되" 하면서 "배꼽 봐야 하고".. 등등 여러가지 이야기를 한다. 아내도 아이 이야기를 들었는지 수박 구매 심부름을 보낼 때 꼭 살펴보고 고르라고 신신당부를 한다. 필자는 사실 귀찮기도 하지만 꼭 귀찮은게 전부는 아니다. 농장 및 각종 유통과정과 최종적으로 마트에 입고되어 진열될 때까지 수차례에 걸쳐 선별과정이라는 품질검사 과정이 있음을 알고 있고 그 과정 중 당도검사를 통해 통과된 상품만 판매된다는 사실을 알고 있기 때문이다. 필자는 그 품질검사를 신뢰하고 있는 것이다. 수박의 당도검사는 모든 단계에서 전부 조사 하지는 않는 것으로 알고 있다. 물론 농장에서 재배하고 수확 직후 100% 당도 검사를 하겠지만 각 유통과정에서는 검증을 위해 샘플 검사만 하는 것으로 알고 있다. 몇몇의 샘플에 대해서 검사를 하고 검사의 기준을 충족하면 동일한 환경에서 재배된 수박은 모두 다 동일 당도로 판정 받는다고 알고 있다. 중요한건 내가 당도가 똑같다고 판정된 수박을 구매하기 이전에 샘플검사라는 확률론적 방법이 적용되었다는 사실이다.

그림 1-1 마트에 판매되는 수박 및 당도 측정

아래 그림 1-2은 당도별 수박개수분포를 그래프로 나타낸 것이다. 그림에서 가로축은 수박당도, 세로축은 수박개수를 말하고, 막대는 당도별 수박의 개수를 나타낸다. 각 당도별 개수를 매끈하게 이은 선이 당도별 수박-개수의 확률분포곡선이고 이 곡선을 이용하면, 조사되지 않는 수박당도에 대해서도 수박개수를 추정하여 알 수 있다. 즉, 실제 없는 값을 추정하는 것이고, 이런 것을 확률분포(Probability Distribution)을 이용한 확률론적 추정이라고 한다. 그림 1-2에서와 같이 샘플검사를 하게 되면 수박의 당도는 다양한 분포가 나오겠지만 특정 범위안에서 당도의 분포가 형성될 것이다. 이중 그림 1-2에 표기된 "마트진열 기준당도"를 넘으면 비로서 마트에 진열되어 상품이 되는 것이다. 이때 "마트진열 실패확률"은 아마도 아주 낮은 수준이 되어야 할 것이다(정확한 수치는 모르겠다). 만약 "마트진열 실패확률"이 50%라서 수박 2개중 1개가 기준당도 이하이면 그 밭에서 생산된 수박을 모두 어떻게 동일한 품질이라고 볼 수 있겠는가? (※ "마트진열 기준당도", "마트진열 실패확률"은 정식으로 있는 용어 아님. 이 책에서 설명을 위해 필자가 명명한 용어임)

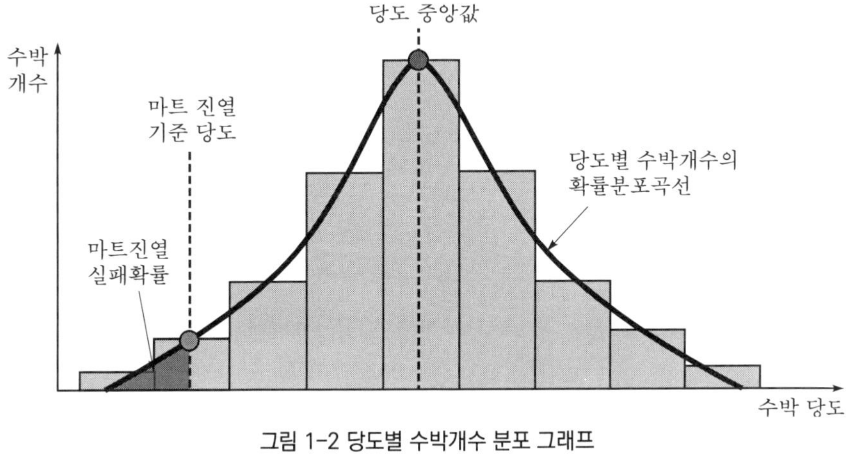

그림 1-2 당도별 수박개수 분포 그래프

이렇게, 샘플검사 즉 확률론적 선별과정을 통해 분류되어 동일한 당도로 판정된 수박을 필자는 “똑같다”라고 생각하고 구매를 결정하는 것이다.

구조해석 실무와 비유적으로 이야기하면 필자가 결정해서 구매한 행위는 결정론적 구조해석(Deterministic Structural Analysis)이라고 말할 수 있다. 쉽게 말해서 설계라고 보면 된다. 즉, 필자는 그냥 설계법에 따라 설계식을 적용해서 설계 하였지만, 설계법이 개발될 때 이미 “마트진열 기준당도”와 같은 “구조안전기준(Structural Safety Criteria)”이 존재하고, 이 구조안전기준은 “마트진열 실패확률”과 같은 것이며 “구조물 파손확률”과 연계 되었다는 것이다. 다만 학교나 일반 설계에서는 접할 기회가 없었기 때문에 그동안 “확률론적 분석”이란 것 자체가 너무나 생소했던 것 같다. 사실 나도 모르는 사이에 이미 확률론적 분석에 의해 만들어진 설계법을 이용해 왔으므로 1/3정도는 이미 확률론적 분석을 하고 있었다고 생각해도 될 것 같다. 하지만 그 사실을 몰랐다는 것은 한번 생각해 볼만할 것 같다. 그러나 심각할 필요는 없다. 지금부터 공부해서 알면 되기 때문이다.

즉, 확률론적 방법은 당도가 하나하나 다 다르다고 판단해서 하나씩 하나씩 똑같은 과정을 거쳐 결과값의 확률분포를 만드는 행위이므로, 결과값이 표본집단을 대표할 수 있는 특정한 값 1, 2개가 아니라 값들의 확률분포 그 자체이다.

확률론적 방법과 비교되는 결정론적 방법이 있다. 결정론적 방법은 개념적으로 “확률분포의 한 지점을 보고 그 지점을 통해 전체를 포괄하겠다.”라고 결정하고 그 지점이하 값인 실패확률은 고려하지 않겠다는 개념이다. 물론 실패확률 자체가 아주 낮고 충분한 기술적 합의를 통해 도출되는 사항이기 때문에 우려할 대상은 아니다. 계속해서 이야기하면 결정론적 분석에서의 결과값은 특정한 값 1, 2개로 결정된다. 결과값의 형태에는 차이가 분명히 있다. 하지만, 확률론적이나 결정론적이나 구조해석이라는 근본적인 방법론은 서로 동일하다.

간단한 구조설계의 예시를 통해 이해해 보자.

우리는 그동안 강재의 인장항복강도는 $\phi A_s f_y$로 계산할 수 있음을 알고 있다. 그런데, 강도감소계수 ϕ는 강도를 저감시켜 성능에 대해서 안전성을 확보 해주기 위한 계수(factor)라는 개념적 사항 이외 어떤 배경에서 어떻게 계산된 값인지 구체적으로 알고 있지는 않다. 물론 찾아보면 알 수 있겠지만 지금 이 순간 강도감소계수의 탄생에 대한 상세한 배경을 알고 있는 사람은 드물 것이라 생각된다. 아래와 같이 구체적으로 한번 생각해 보자.

- 이형 철근의 경우 A_s는 철근의 돌기가 존재하는 변단면이라 공칭단면적을 사용한다. 공칭(公稱)이란 "일정치 않은 것을 공적으로 칭하여 준다."라는 사전적 의미이다. 따라서 공칭단면적이란 말 자체에 이미 단면적에 변동성이 포함된 것이다.

질문 1 : ϕ가 A_s의 불명확성을 고려하는 것인지?

- f_y는 설계기준 항복강도로 일반적으로 재료시험에서 얻어진 평균강도보다 작은 값을 가진다(※ 이와 관련된 상세 사항은 추후에 자세히 기술되어 있음).

질문 2 : ϕ가 f_y의 불명확성을 고려해서 강도를 저감시켜 주는 것인가?

간단하지만 쉽지 않는 질문이다. 혹시 어느 시험에서 위와 같은 질문이 문제로 출제 된다면 사전 준비 없이는 필자도 잘 쓸 자신은 없다.

$\phi A_S f_y$에서 ϕ는 인장강도식의 강도감소계수이다. 단면감소계수 혹은 인장응력감소계수가 아니라 강도감소계수이다. 즉, 강도 자체의 감소를 표현하는 값임에 따라 위의 질문 1, 2의 특정한 값하나를 고려하는 것이 아니라 $A_S f_y$자체의 안전성을 고려해 주는 것이 강도감소계수인 것이다. 그렇다면, $A_S f_y$에서 뭐가 변동하길래 보수성을 고려해주는 것인가? 사실 100% 확신적으로 값을 정할 수 있다면 정해진 값을 사용하면 되지 감소시킬 필요가 뭐가 있겠는가? 여기까지 이야기 하면 눈치 있는 사람은 대강 짐작 갈 것이다. 그렇다, A_s도 f_y도 사실 정해져 있는 값이 아니라 위의 수박당도 예시(그림 1-2)처럼 그림 1-3와 그림 1-4과 같은 확률분포로 존재하는 값이다. 철근에 대해서는 그림 1-3에서 공칭단면적을 철근의 단면적이라고 결정적으로 사용하는 것이고, 그림 1-4에서 설계항복강도도 여러 항복강도 가운데 특정값을 결정적으로 사용하는 것이다. 즉, ϕ는 단면적과 관련된 부분(ϕ_{AS})과 항복응력(ϕ_{fy})과 관련된 부분이 복합적으로 고려된 강도감소계수일 것이다.

그럼 ϕ, ϕ_{AS}, ϕ_{fy}는 어떻게 구하는 것일까?

ϕ_{AS}는 그림 1-3에서 확률분포에서 공칭단면적에 해당하는 값을 결정하는 과정 속에서 ϕ_{AS}가 계산될 수 있을 것이고, 공칭단면적 이하가 나올 확률인 “공칭단면적이하확률”(그림 1-3)

는 설계법에서 감당하는 위험도 혹은 리스크(Risk)라고 한다. 동일한 방법으로 ϕ_{fy}도 그림 1-4의 확률분포에서 감당할 수 있는 위험도 수준에서 "설계항복응력 이하확률"이 계산되고 계산된 설계항복강도와 확률분포의 관계를 통해 ϕ_{fy}를 계산할 수 있을 것이다. ϕ_{AS}와 ϕ_{fy}의 복합적인 관계를 통해 ϕ가 계산 되었을 것이다.

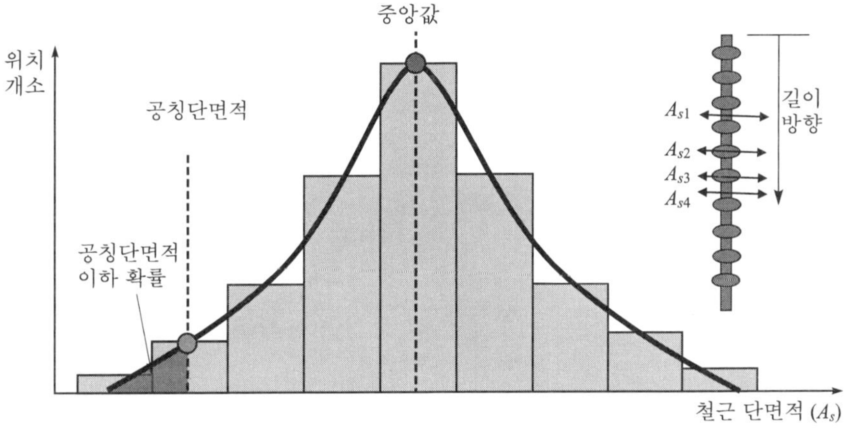

그림 1-3 길이 방향 위치별 철근 단면적에 따른 개소 분포

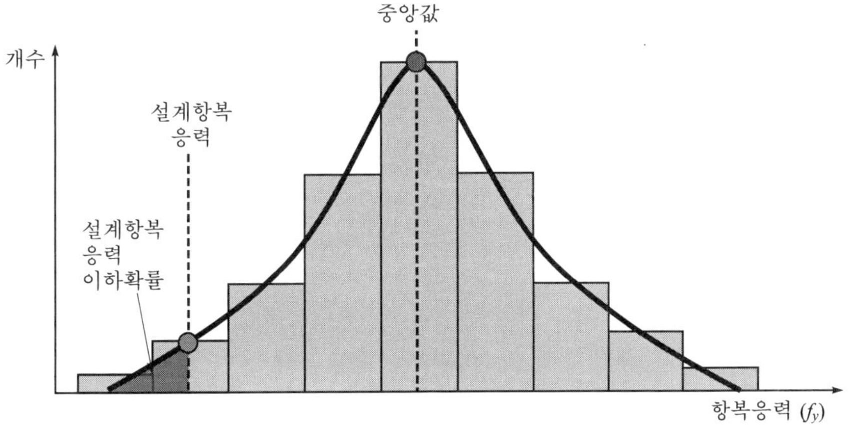

그림 1-4 철근의 항복응력에 따른 개수 분포(※ 시험개수)

장황하게 설명하였지만, 사실 대학에서 혹은 설계실무에서 ϕ, ϕ_{AS}, ϕ_{fy}의 개념을 설명한 자료를 쉽게 찾아보기는 어렵다. 그 이유는 이러한 내용은 연구 및 설계법 개발과 관련된 사항이였기 때문이다.
그럼 연구개발되어 잘 만들어진 설계법을 사용하면 되지 굳이 왜 확률론적 분석을 해야 하는 것일까? 필자가 생각하는 이유는 상황이 변한 것이기 때문이 아닐까 싶다. 앞에서 설명한 설계공칭단면이나 설계항복응력 등을 결정하는 가장 근본적인 전제사항은 설계법에서 결정한 설계기준값 이하로 값이 도출된 확률에 대한 위험성을 감수한다는 것에 있다.

구조해석의 목적이 구조물 자체의 안전성을 판단할 때, 다시 말해 그 설계법의 근본 철학이 유효할 때는 아무런 문제가 되지 않는다. 확률론적 분석을 통해 전달되어 온 개념들이 유효한 의미를 갖기 위해서는 마지막 단계에서 결정론적 판단이 반드시 있어야 하기 때문이다. 앞에서 설명한 수박구매 예시에서도 보면 판매 가능한 수박의 "마트진열 기준당도"는 결정론적으로 정해진 값이고, 그 정해진 값을 구하기 까지는 계속해서 확률론적 방법에 의해 범위가 좁혀져 왔던 것이다. 구조물의 설계도 마찬가지이다. 설계법을 개발할 때까지는 확률론적 개념을 통해 발전되어 다음단계 또 다음단계 넘어오다가 마지막에는 결정론적 판단기준을 제시한다. 즉, 판단기준 자체는 확률형태의 결정된 값이다.

하지만, 때로는 구조해석의 목적이 구조물의 안정판단 혹은 구조부재 파손유무를 판단 하는것이 최종목적이 아닐 때가 있다.

예를 들어 다음의 경우를 한번 생각해 보자.

보험회사에서 연단위로 구조물파손 보험상품을 만들고 싶은데, 구조물이 파손될 때의 보상금은 1억원을 지급해야 한다고 한다. 그럼 보험회사는 피보험자로부터 보험료를 얼마나 받아야 할까? 이때, 보험료에 포함되는 각종 수수료, 보험회사 이익 등의 비용은 고려하지 않기로 한다. 적정 1년 보험료를 계산하기 위해서는 뭐가 필요할까? 그렇다. 1년 동안 구조물이 파손될 확률을 계산할 수 있다면 보험료를 계산할 수 있을 것이다. 그럼 확률론적 구조해석을 통해 구조물이 1년 안에 파손될 확률이 0.1%로 계산되었다고 가정해 보자. 그럼 최소 보험료는 10만원(0.1% × 1억원 = 10만원)으로 계산할 수 있을 것이다. 즉, 보험회사는 수익금액은 99.9%(=100% - 0.1%, ※ 0.1%는 보험금을 지급해야하는 확률)의 확률로 10만원이다. 피보험자의 예상수익은 1억원이지만 확률은 0.1%인 것이다. 즉, 보험회사의 보험료는 최소한 10만원 이상으로 책정될 것이다. 물론 여러가지 각종 부가 금액, 보험 예측 판매수 등의 복합적으로 고려해야 하지만 이 책에서는 생략하고 최대한 간단히 생각하기로 한다. 실제 보험상품 계발단계에서 이런 검토가 이루어지는 것은 사실이다. 이런 경우가 구조해석의 목적이 구조물의 파손유무가 아닌 경우이며 이를 위해 확률론적 구조해석이 필요하다.

건설분야에서 요즘 이슈되는 아이템인 "설계초과지진"에서도 유사한 사례를 찾아볼 수 있다. 설계지진대로 설계해서 시공을 다 했는데, 설계초과지진을 다룬다면 어찌 된다는 말인가? 그럼, 처음부터 강한지진에 대해서 설계하면 되지... 왜 뒤늦게 설계초과지진을 이야기 하는 것일까? 설계자 자체적인 안전여유도가 있다면 구조물은 설계적으로 안전할 수 있지만, 기본적으로 설계초과하중에 대해서는 NG인 것이다. 당연하지 않나? 설계초과지진인데 당연히 설계기준을 못만족 시키고 최종 설계안전성 평가 결과는 NG가 발생할 것이다. 그런데, 그렇다고 부수고 다시 건설하기에는 비용과 노력이 과하게 소모되기 때문에 설계와는 별도로 설계초과지진발생시 증가하는 위험도를 분석하여 구조물의 안정성 여부를 평가하는 것이다. 즉, 설계초과지진에 대해서 확률론적 분석을 수행해 설계법을 개발때 적용했던 확률론적 안전목표치를 만족하는 여부를 판단해 최종 안전성을 평가하겠다는 개념이다(※ 설계법 개발시 안전목표치는 다양한 확률론적 결과를 포괄하는 개념임). 혹시 확률론적 분석 결과 안전목표치를 만족 시키지 못한다면 증가되는 위험도(보통 확률로 표현)를 분석해 위험도를 경감시킬 수 있는 추가 장치(혹은 조치사항)를 마련하는 등의 대비책을 준비하고자 하는 것이다. 이때도 구조해석의 최종목적은 증가하는 위험도를 평가하는 것이지 구조물의 설계적 안전성을 확보하는 것이 아니다. 구조물의 모든 분석의 최종 목표는 "안전성 확보"이지만 "설계적"이란 단서조항이 있음을 주목하자. "설계적 안전성"이란 설계법에 정의하는 안전성을 의미한다. 그래서 위에서 언급한 "안전성 확보"는 "설계적 안전성"과 비교해 한 단계 넓은 범위의 개념이다.

또한, 원자력분야에서 수행하는 확률론적 안전성평가(Probabilistic Safety Assessment, PSA)에서도 확률론적 구조해석을 수행한다. 분석의 최종 목표는 노심손상빈도(Core Damage Frequency, CDF)등을 원자력안전법에서 규정하는 안전목표치(확률) 이하로 제한하는 것이다. 이때, 안전목표치는 연초과확률 10^{-5} 이하 등과 같이 확률의 형태이며, 값자체는 결정론적으로 10^{-5}으로 정해진 수치이다.

즉, 이상의 예시에서 찾아볼 수 있듯이 구조해석의 최종목표가 구조물의 설계적 안전성 판단이 아닐 경우에는 확률론적 분석이 필요한 경우가 많다. 그림 1-5에서와 같이 결정론적 구조해석의 목적은 구조물의 파손유무에 대한 설계적 판단 그 자체이지만, 확률론적 분석은 구조물의 파손에 대한 확률분석을 통해 위험성을 평가하는 목적임을 잊지 않아야 한다. 위험도분석의 목표는 설계법의 목표성능과는 다른 개념임을 다시 한번 기억하자.

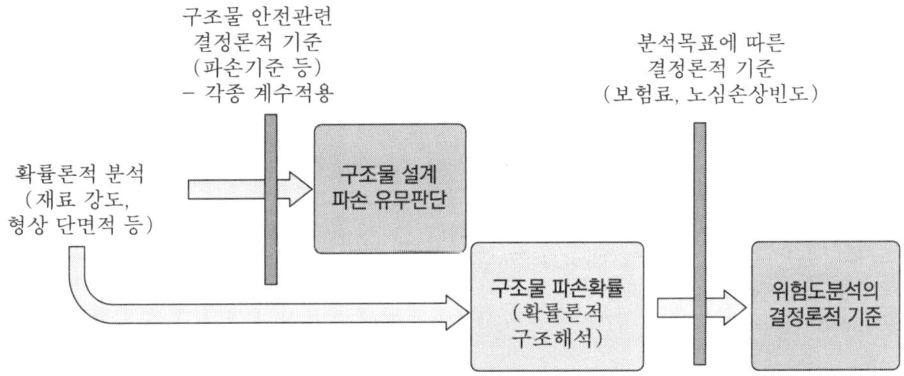

그림 1-5 구조물 설계 및 확률론적 분석의 흐름

그림 1-6에서 보이는 바와 같이 재료나 형상 등의 확률론적 분석 결과에 결정론적 기준을 위한 각종 계수(강도감소계수, 하중계수 등)을 포함하여 설계식이 만들어지고, 이에 따라 구조물의 설계 안전성을 판단한다. 확률론적 구조해석에서 가장 정확한 결과를 얻기 위해서는 결정론적 설계를 위한 각종 계수가 적용되기 전 최대한 가공전 상태에서 구조물의 확률분석을 수행해야 한다. 그러나 앞에서 살펴본 바와 같이 아주 단순한 강재인장항복강도에 적용되는 ϕ에 대해서도 ϕ_{AS}, ϕ_{fy}가 포함되고 ϕ_{AS}와 ϕ_{fy}를 명확히 구분하기는 여간 어려운 만큼 실무에 사용하는 각종 복잡한 설계식의 계수 및 안전장치들을 하나하나 구분하여 나누는 일은 사실 불가능에 가까운 일일 수도 있다. 물론, 그림 1-6와 같이 특정한 강도에 대해서는

설계강도식과 함께 강도 중앙값(혹은 메디안, Median)(※ 이 책에서 중앙값, 메디안, median은 서로 혼용하여 사용하기로 함) 및 표준편차(Standard Deviation)가 함께 제시된 경우도 있다. 하지만 이런 경우는 특수한 목적을 위해 제시된 것이지 일반적 경우는 아니다.

또한, 확률론적 구조해석을 위해서는 설계식에 대한 깊은 이해와 설계식의 개발과정에 대한 폭넓은 지식이 필요하다. 따라서 설계에 익숙한 엔지니어라도 충분한 학습의 과정없이 확률론적 분석을 바로 수행하는 것은 무척이나 어려운 일일 것이라 생각된다. 확률론적 구조해석의 실무 초창기에는 반드시 컨설팅 등을 통한 전문가의 도움을 받길 추천한다. 당장은 컨설팅 비용이 발생하긴 하지만 어쩌면 그 방법이 비용과 시간을 줄이는 가장 효율적인 방법이라 생각한다.

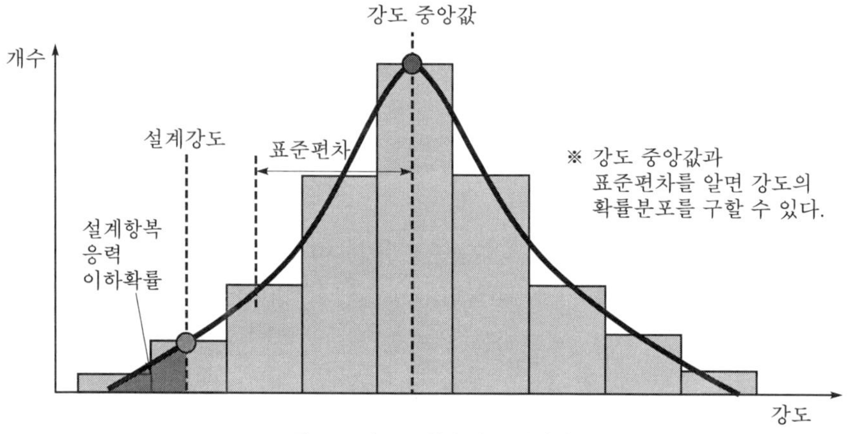

그림 1-6 강도 중앙값 및 표준편차

Chapter

02

결정론적 구조해석 vs 확률론적 구조해석

확률론적 구조해석이란 구조해석 결과를 확률분포로 제시하는 형태의 구조해석이며, 주로 위험성분석(혹은 리스크분석)(Risk Analysis) 분야에서 수행되는 구조해석이다. 확률론적 구조해석은 설계로 대변되는 결정론적 구조해석과는 상대적인 개념으로 비교하여 설명된다. 하지만, 구조해석적인 관점에서는 확률론적 구조해석과 결정론적 구조해석은 서로 상대적인 개념보다는 동일한 구조해석에 대해 구조해석 결과의 활용 목적(설계 혹은 위험도분석 등)에 따라 분석 결과를 다르게 표현하는 것이지 구조해석이라는 본질은 서로 동일하다.

모든 구조물의 실제 거동은 매번 서로 다르며 실제 거동을 결정적인 특정값으로 나타낼 수는 없다. 그림 2-1은 구조실험 결과 얻을 수 있는 파손하중-실험수의 그래프를 예시로 보여주고 있는 그림이다. 그림 2-1에서와 같이 파손하중에 따른 실험수는 중앙값에서 가장 집중되고 양쪽 가장자리로 이동함에 따라 줄어드는 경향을 보인다. 그림 2-1의 결과를 확률분포로 나타낼 경우 그림 2-2와 같은 형태가 될 것이다. 즉, 그림 2-1이 실제 실험결과이고 그림 2-2는 이것을 확률분포라는 수학적 도구를 활용하여 모델링한 것이다. 다양한 확률분포가 존재하고 확률분포 상호간의 적합성 등을 연구하는 수많은 자료가 있지만, 이 책에서는 정규분포(※ 표준정규분포, 대수정규분포 포함)만 다루기로 한다. 그러한 이유는 연구분야를 제외한 일반적인 엔지니어링 분야에서는 정규분포를 가장 많이 활용하기 때문이다.

구조물의 거동을 수학적 모델인 확률분포로 표현했다고 하더라도 설계를 위해서는 보다 명확하고 실용적인 기준값이 존재해야 한다. 이 기준값을 위해 도입된 개념이 신뢰도지수(Reliability Index, β)이며, 그림 2-2에 표기되어 있다. 그림 2-2에서 파란색 곡선은 확률분포곡선을 나타내고, 확률분포곡선을 통해 하중이 P_m일 때 파손확률이 가장 높으며 P_m을 기준으로 하중(P)이 높아 지거나 낮아질 때 파손확률이 줄어드는 것을 확인 할 수 있다. 즉, 하중이 P_m을 초과하여 높아지면 하중 자체는 증가하지만 발생 빈도는 줄어들어 실제 파손확률(= 하중요소 × 발생빈도요소)은 줄어든다.

이때, 확률분포의 중앙값(P_m)을 영어로 메디안(Median)이라고도 한다. 여러 연구자료를 통해서 특정 하중에 대해서 적절한 파손확률목표치를 결정하고 결정된 파손확률목표치에 따라 목표신뢰도지수(Target Reliability Index, β_R)가 결정된다. 물론 실제 신뢰도지수를 결정함에 있어서는 여러 인자(factor)(※ 온도, 재료 등의 환경적인 요인 및 재료관리, 시공관리 등의 인공적인 요인 등)에 의한 불확실성이 복합적으로 고려된다. 또한 최종 목표신뢰도지수(β_R)은 여러 인자에 의한 민감도 분석이 수행된 후 구해지는 최종 결과물이다.

이상의 내용이 확률론적 구조해석의 전반적인 개념이다. 확률론적 구조해석을 활용하여 설계법을 개발하기도 하고(※ 예: 신뢰도 기반 성능설계법) 위험도분석의 입력자료를 생산하는데 활용하기도 한다.

이상의 일련의 과정을 요약하면 다음과 같이 표현할 수 있다.

자연현상 → 실험결과 → 확률분포곡선(시험결과활용) → 각종 불확실성 분석 → **확률론적 구조해석** → 신뢰도지수(β) 및 목표성능 결정 → 위험도분석 or 설계법 개발

즉, 확률론적 구조해석은 불확실성 분석을 통해 얻어진 구조해석 결과를 확률분포로 모델링하는 과정이라고 할 수 있다. 그 결과로 그림 2-2와 같은 확률분포를 얻을 수 있고, 그림 2-2의 확률분포 자체가 결과인 것이다. 반면 결정론적 구조해석은 실용적인 목적을 위해 확률론적 구조해석 결과와 신뢰도지수(β)를 활용하여 안전목표확률을 충족하는 최소값(Minimum Value)을 결정적으로 구하는 것이다. 그래서, ASCE 7의 책 제목이 "Minimum"이란 단어로 시작하는 것인지 모르겠다(ASCE/SEI 7-05, Minimum Design Loads for Buildings and Other Structure).

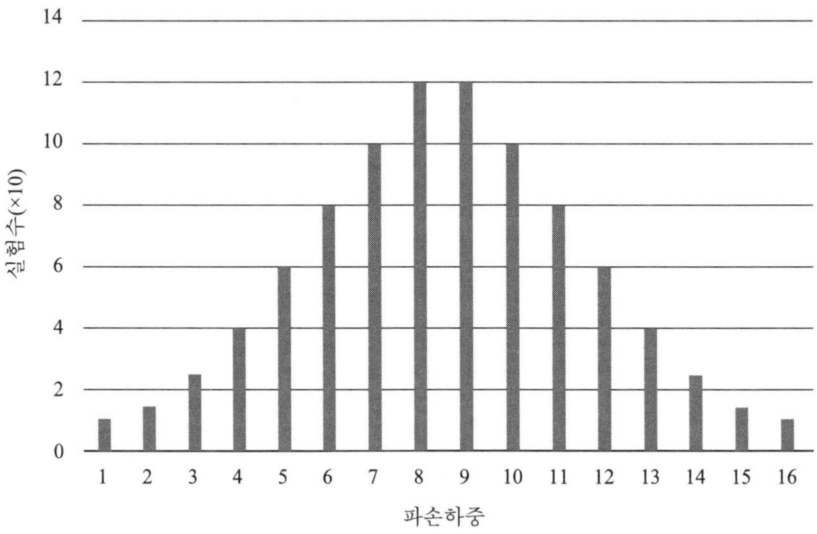

그림 2-1 파손하중별 실험 개체수 관계 그래프

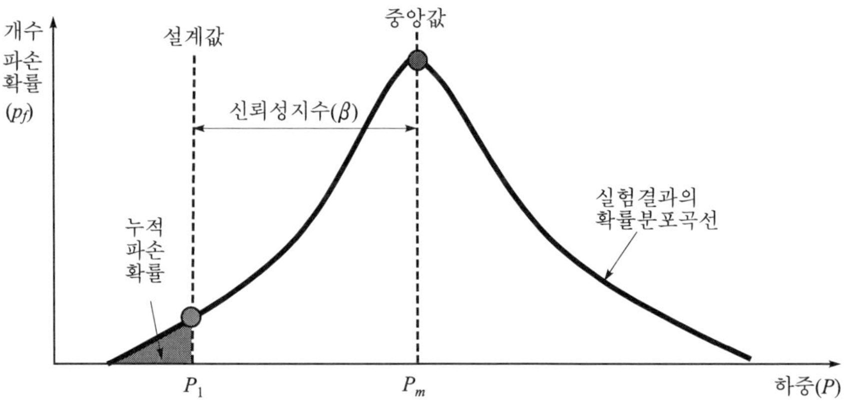

그림 2-2 확률분포곡선의 예시

표 2-1은 결정론적 구조해석과 확률론적 구조해석을 비교한 표이다. 표 2-1에는 구체적으로 결정론적 구조해석과 확률론적 구조해석을 위해 사용되는 해석모델, 구조파손유형, 입력 재료물성치, 파손기준, 활용분야 등을 간략하게 언급하고 있다.

표 2-1 결정론적 구조해석 vs 확률론적 구조해석

<table>
<tr><th colspan="2">내용</th><th>결정론적 구조해석 (혹은 설계)</th><th>확률론적 구조해석</th></tr>
<tr><td rowspan="2">해석 모델</td><td>FEM 활용시</td><td>설계모델</td><td>확률론적 해석모델
(메디안(median) 모델)</td></tr>
<tr><td>수식</td><td>설계식
(하중계수, 재료강도감소 계수 등 사용함)</td><td>메디안 식</td></tr>
<tr><td colspan="2">구조파손 유형</td><td>설계파손 유형</td><td>좌 동</td></tr>
<tr><td colspan="2">입력 재료 물성치</td><td>설계 입력치
(예시: 콘크리트 설계기준강도 등)</td><td>시험 중앙값(Median)
※ 시험 결과로부터 얻어지는 확률분포에서 중앙값
※ 시험값이 없을 경우 문헌자료로 대체 사용 가능함</td></tr>
<tr><td colspan="2">파손기준</td><td>설계파손 기준</td><td>시험 파손강도의 중앙값(Median)
※ 시험값이 없을 경우 문헌자료 사용 가능함</td></tr>
<tr><td colspan="2">결과값</td><td>설계기준 만족 유무 판단</td><td>특정 하중(결정론적인 값 혹은 하중의 확률분포)에 대한 파손확률(P_f) 도출</td></tr>
<tr><td colspan="2">활용분야</td><td>설계</td><td>위험도분석</td></tr>
</table>

※ 확률론적 구조해석에 적용하는 각종 메디안 자료(해석모델, 수식, 재료성질)가 불가할 경우 설계자료를 대체하여 사용 가능함. 단, 보수적인 결과가 도출되어 안전여유도가 줄어듦.

이쯤에서 다시 2장 제목을 한번 보자. 좀 이상하지 않은가?

이 책의 목적이 확률론적 구조해석을 설명하는 것임에도 불구하고 2장의 제목에서 결정론적 구조해석을 우선 배치 하였다. 우리가 확률론적 구조해석을 공부한다고 해도 가장 기본이 되어야 하고 단단히 갖추어야 하는 역량은 결정론에 기반한 설계관련 소양임을 잊으면 안된다는 것을 강조하고 싶어서다. 즉, 구조물을 평가할 때 결정론에 기반한 설계사항이 항상 중요시되어 검토 되어야 하고 확률론적 분석을 통해 결정론적 분석의 상대적 위치가 어디쯤인지 파악하는 상호보완적인 태도를 잊으면 안된다고 생각한다.

즉, 나름 여러가지 변수들을 고려해 확률분석을 할 경우가 있는데 이때 반드시 고려해야 하는 사항은 결정론적 분석에서 고려하는 변수(※ 설계 계산과정에서 고려하는 눈에 보이는 변수뿐만 아니라, 설계이론에 포함된 변수 모두를 의미함)만 확률론적 분석에서 고려해야 하며, 고려되는 변수를 통해 실제 구조거동의 변동성 모두를 포함한다는 기본 개념을 반드시 기억해야 한다.

자연현상에 가까운 실제 구조거동에 미치는 변동성의 개수는 우리 상상하는 것만큼 많이 생각할 수 있다. 재료성질, 재료형상, 조립, 품질관리, 시공과정에서 실수, 지반조건, 지반개량시 균일성... 등등... 생각하는 이 모든게 구조거동에 영향을 미친다. 그런데 우리는 설계할 때는 변수 2, 3가지만 고려한다. 여러가지 변수중에 2, 3가지만 반영하고 나머지는 반영하지 않는 것이 아니라 주요 변동요인 2, 3가지만 고려하고 나머지는 이 2, 3가지 안에 모두 포함된다는 개념이다. 그래서 설계식을 개발할 때에는 연구를 통해 이론식을 먼저 개발하고 이후 실험을 실시하여 그 결과를 통해 이론식을 검증 및 보완하여 설계식을 최종 개발한다(즉, 실험을 통해 현실과 이론의 차이를 보정한다). 이런 전반적인 사항에 대해 이해 하길 바란다. 물론 확실한 실험적 자료를 확보한 경우에 한하여 결정론적 분석에서는 변수 2개만 고려 하였더라도, 확률론적 분석에서는 보다 세분화하여 3개 혹은 4개 등으로 고려 할 수는 있다. 하지만 이 경우에라도 전체 변동성의 합은 서로 동일해야 함을 반드시 기억하자.

확률론적 구조해석 중 변수를 고려할 때 때론 상당히 애매모호할 경우가 종종 발생한다. 그러다 보면 보통 취할 수 있는 값의 가장 보수적인 값을 취하는 경우와 이것저것 분석자가 자의

적으로 변수를 추가하는 등의 경우가 종종 발생한다. 그러다 보면 확률론적 분석에서 고려한 변수의 안전수준이 결정론적 분석(혹은 설계법)에서 고려된 변수의 안전수준보다 보수적인 경향을 보일 때가 있으며 이러한 경우가 우리가 관심을 기울여지양 해야할 사항이다.

실제 구조거동 대비 우리가 취할 수 있는 가장 보수적인 입장이 바로 설계이고 이런 설계상태의 보수성이 확보되면 비로서 구조안전성을 확증(Confirm)하겠다라는 것이 설계법의 근본 철학임을 상기할 때 확률론적 분석은 결정론적 분석과 비교하여 동등 혹은 비보수적인 입장을 취해야 함은 당연한 논리임을 꼭 잊지 말자.

Chapter

03

확률론적 구조해석의 활용

확률론적 구조해석의 활용방안에 대해서 한번 생각해보자. 일종의 자연현상인 하중작용(※ 고정하중, 활하중 등 이외 구조물의 거동의 원인이 되는 모든 물리적 작용 전부를 말함. 예 : 연약지반 지점침하 등)에 따른 구조물의 거동을 분석하기 위해서는 해석모델을 개발하고 개발된 해석모델을 이용하여 구조해석을 실시한다.

해석모델의 개발을 위해서는 먼저 하중작용에 따른 구조물의 거동을 관찰하고 관찰된 결과를 수학적 도구를 활용하여 모사(혹은 모델링)한다. 이때, 여러가지 수학적 이론(선형 함수식, 2차 비선형 함수식, 2차 미분방정식, 대수정규분포함수 등)들이 활용된다. 이렇게 모사된 수학적 모델을 초기해석모델이라고 한다.

이후 실험을 통해 해석모델과 실제 구조거동의 차이를 보정한 과정을 거쳐 최종 해석모델이 개발된다. 해석모델은 수식(Equation)의 형태로 제시될 수도 있고, 유한요소(Finite Element Method, FEM)해석코드 등의 특정 기법의 모델링일 수 도 있다. 여기까지가 연구개발 단계이다.

개발된 해석모델에 여러가지 구조적 가정조건(하중, 경계조건, 재료해석모델, 파손기준 등)을 반영하여 구조물의 거동을 분석 하는 것을 구조해석이라고 한다. 구조해석의 결과는 변위, 하중, 응력, 변형률 등이 있고, 이 해석결과를 활용하여 구조적 안전성 등을 평가하는 것을 구조안전성평가(Structural Safety Assessment)라고 한다.

아래 식 (1)은 대학 2학년 때 배우는 재료역학(Mechanics of Materials) 첫시간에 나오는 훅의 법칙(Hooke's Law)이며, 재료의 응력-변형률의 관계를 식 (1)로 표현한 것이다. 즉, 응력과 변형률 관계를 탄성계수(E)로 정의하고 이것을 수학의 곱하기와 등호를 이용하여 식 (1)과 같이 표현한 것이다. 식 (1)을 통해서 우리는 특정한 재료의 탄성계수만 알고 있다면 실험하지 않고도 응력-변형률 관계를 알 수 있는 것이다.

$$\sigma = E \times \varepsilon \tag{1}$$

얼핏 보기엔 식 (1)은 아주 단순한 것처럼 느껴지지만 사실 실제 재료를 공학적으로 가장 많이 가공한 결과이다. 즉, 형태는 가장 단순 하지만 이론적으로는 가장 고도화된 결과이다. 대학원과정에서 재료역학심화과정(Advanced Mechanics of Materials)을 배우게 되면 재료구성방정식에 대해서 배우게 되는데 그때 가장 기본이 되는 재료강성은 그림 3-1, 3-2에 보이는 것과 같이 6×6 매트릭스 형태로 표현된다. 직교좌표계에서 XY, XZ, YZ면에 각각 직교방향성분 3개씩 방향성을 고려한 후 중복 성분을 제외하여 총 6×6 매트릭스 형태로 표현된다. 이것이 재료역학에서 말하는 자연상태에 가깝게 재료강성을 표현한 것이다. 즉, 그림 3-2와 같이 36개(6×6) 성분을 등방성(Isotropic) 등의 조건을 가정하여 계속 단순화시켜 나가서 C_{11}, C_{12}(그림 3-2 (e))로 표현이 가능하고 가장 단순화된 형태가 식 (1)과 같은 형태이다. 알고 보면 식 (1)이 가장 단순한 형태이지만 가장 고차원으로 가공된 수식이다. 그런데, 마치 재료강성은 가장 가공이 덜된 것이 식 (1)과 같은 형태이고 6×6 매트릭스 형태는 더 복잡하고 고차원적으로 느껴질 때가 있다. 이런 배경을 배우지 못하였고, 대학교 2학년때 식 (1)을 처음에 배웠 지금껏 의심없이 너무나 자연스럽게 사용하였기 때문에 당연한 착각일지도 모르겠다.

구조해석에서도 식 (1)과 같은 단순화 작업을 수시로 반복적으로 실시한다. 단순화하는 이유는 효율성(Efficiency)과 경제성(Economy)에서 찾아볼 수 있다. 효율성과 경제성의 고려 없이 무한의 시간과 무한의 인력이 공급된다면 최대한 자연적 물리현상을 그대로 모사해서 구조물을 해석하고 설계하면 가장 좋을 것이다. 그러나 우리가 살고 있는 현실세계는 효율성과 경제성을 무시할 수는 없다. 간단한 철골보 하나 설계하는데 박사급 인력 10명이 온갖 화려한 해석을 수행하여 1년에 걸쳐 설계하지는 않기 때문이다. 만약 그렇게 하면 그 회사는 아마도 수년안에 파산하지 않을까 싶다.

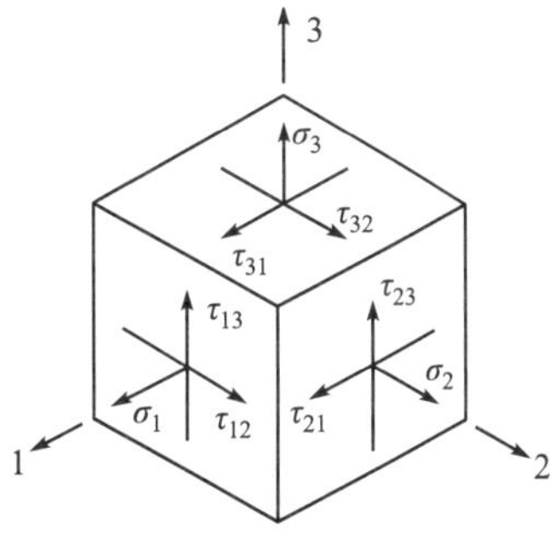

Stresses on an Element

Tensor versus Contracted Notation for Stresses and Strains

Stresses		Strains	
Tensor Notation	Contracted Notation	Tensor Notation	Contracted Notation
$\sigma_{11}(\sigma_1)$	σ_1	$\varepsilon_{11}(\varepsilon_1)$	ε_1
$\sigma_{22}(\sigma_2)$	σ_2	$\varepsilon_{22}(\varepsilon_2)$	ε_2
$\sigma_{33}(\sigma_3)$	σ_3	$\varepsilon_{33}(\varepsilon_3)$	ε_3
$\tau_{23}=\sigma_{32}$	σ_4	$\gamma_{23}=2\varepsilon_{23}$*	ε_4
$\tau_{31}=\sigma_{31}$	σ_5	$\gamma_{31}=2\varepsilon_{31}$	ε_5
$\tau_{12}=\sigma_{12}$	σ_6	$\gamma_{12}=2\varepsilon_{12}$	ε_6

*Note that γ_{12} represents engineering shear strain Wherease $\varepsilon_{ij}(i \neq j)$ represents tensor shear strain.

그림 3-1 6개 응력성분

$$\begin{vmatrix}\sigma_1\\ \sigma_2\\ \sigma_3\\ \tau_{23}\\ \tau_{31}\\ \tau_{12}\end{vmatrix} = \begin{vmatrix} C_{11} & C_{12} & C_{13} & C_{14} & C_{15} & C_{16}\\ C_{12} & C_{22} & C_{23} & C_{24} & C_{25} & C_{26}\\ C_{13} & C_{23} & C_{33} & C_{34} & C_{35} & C_{36}\\ C_{14} & C_{24} & C_{34} & C_{44} & C_{45} & C_{46}\\ C_{15} & C_{25} & C_{35} & C_{45} & C_{55} & C_{56}\\ C_{16} & C_{26} & C_{36} & C_{46} & C_{56} & C_{66}\end{vmatrix} \begin{vmatrix}\varepsilon_1\\ \varepsilon_2\\ \varepsilon_3\\ \gamma_{23}\\ \gamma_{31}\\ \gamma_{12}\end{vmatrix}$$

(a) 36개 (→ 좌우 대칭 21개)

$$\begin{vmatrix}\sigma_1\\ \sigma_2\\ \sigma_3\\ \tau_{23}\\ \tau_{31}\\ \tau_{12}\end{vmatrix} = \begin{vmatrix} C_{11} & C_{12} & C_{13} & 0 & 0 & C_{16}\\ C_{12} & C_{22} & C_{23} & 0 & 0 & C_{26}\\ C_{13} & C_{23} & C_{33} & 0 & 0 & C_{36}\\ 0 & 0 & 0 & C_{44} & C_{45} & 0\\ 0 & 0 & 0 & C_{45} & C_{55} & 0\\ C_{16} & C_{26} & C_{36} & 0 & 0 & C_{66}\end{vmatrix} \begin{vmatrix}\varepsilon_1\\ \varepsilon_2\\ \varepsilon_3\\ \gamma_{23}\\ \gamma_{31}\\ \gamma_{12}\end{vmatrix}$$

(b) 13개

$$\begin{vmatrix}\sigma_1\\ \sigma_2\\ \sigma_3\\ \tau_{23}\\ \tau_{31}\\ \tau_{12}\end{vmatrix} = \begin{vmatrix} C_{11} & C_{12} & C_{13} & 0 & 0 & 0\\ C_{12} & C_{22} & C_{23} & 0 & 0 & 0\\ C_{13} & C_{23} & C_{33} & 0 & 0 & 0\\ 0 & 0 & 0 & C_{44} & 0 & 0\\ 0 & 0 & 0 & 0 & C_{55} & 0\\ 0 & 0 & 0 & 0 & 0 & C_{66}\end{vmatrix} \begin{vmatrix}\varepsilon_1\\ \varepsilon_2\\ \varepsilon_3\\ \gamma_{23}\\ \gamma_{31}\\ \gamma_{12}\end{vmatrix}$$

(c) 9개

$$\begin{vmatrix}\sigma_1\\ \sigma_2\\ \sigma_3\\ \tau_{23}\\ \tau_{31}\\ \tau_{12}\end{vmatrix} = \begin{vmatrix} C_{11} & C_{12} & C_{13} & 0 & 0 & 0\\ C_{12} & C_{11} & C_{13} & 0 & 0 & 0\\ C_{13} & C_{13} & C_{33} & 0 & 0 & 0\\ 0 & 0 & 0 & C_{44} & 0 & 0\\ 0 & 0 & 0 & 0 & C_{44} & 0\\ 0 & 0 & 0 & 0 & 0 & (C_{11}-C_{12})/2\end{vmatrix} \begin{vmatrix}\varepsilon_1\\ \varepsilon_2\\ \varepsilon_3\\ \gamma_{23}\\ \gamma_{31}\\ \gamma_{12}\end{vmatrix}$$

(d) 6개

$$\begin{bmatrix}\sigma_1\\ \sigma_2\\ \sigma_3\\ \tau_{23}\\ \tau_{31}\\ \tau_{12}\end{bmatrix} = \begin{bmatrix} C_{11} & C_{12} & C_{12} & 0 & 0 & 0\\ C_{12} & C_{11} & C_{12} & 0 & 0 & 0\\ C_{12} & C_{12} & C_{11} & 0 & 0 & 0\\ 0 & 0 & 0 & (C_{11}-C_{12})/2 & 0 & 0\\ 0 & 0 & 0 & 0 & (C_{11}-C_{12})/2 & 0\\ 0 & 0 & 0 & 0 & 0 & (C_{11}-C_{12})/2\end{bmatrix} \begin{bmatrix}\varepsilon_1\\ \varepsilon_2\\ \varepsilon_3\\ \gamma_{23}\\ \gamma_{31}\\ \gamma_{12}\end{bmatrix}$$

(e) 2개

그림 3-2 재료강성행렬

이런 가공의 수준은 산업별 특징에 따라 다를 것이다. 토건분야와 우주과학분야 혹은 항공분야를 비교하여 생각해보자. 보잉 747기와 우주선은 자주 제작하지는 않는다. 표준화된 하나의 설계를 통해 제한된 수만큼만 제작하고 한기당 비용도 토목이나 건축시설물과는 비교도 안될만큼 고가이다. 우주선이나 항공기 등은 제품개발과 시제품 제작에 수년씩 수천억원씩 투입하고 그 이후에는 설계에 큰 변경 없이 양산체계로 변경하여 공장에서 제작한다. 물론 사용처의 환경조건과 발주처의 요구사항에 맞게 약간의 변화는 주기도 하지만 큰 틀에서 근본기술의 변화는 없다.

그러나, 건설분야의 구조물은 좀 상황이 다르다 외관으로는 똑같이 생겨도 지반조건 및 환경조건이 다 다르기 때문에 설계가 다 다르다. 그리고 수량도 항공기 등과 비교하여 엄청나게 많다. 이런 상황에서 건설분야 구조물을 우주선과 항공기 등과 같은 수준으로 설계하는건 현실을 무시한 논리적 모순이 아닐 수 없을 것이다. 실제 그림 3-1, 3-2는 복합재 공학(Mechanics of Composite Materials) 교과서에서 찾아볼수 있으며, 복합재는 주로 항공기 및 우주선 등의 동체 제작에 사용된다.

즉, 항공기 해석에는 재료강성은 숫자 하나가 아니라 매트릭스 형태라는 것이다. 그리고 토건분야의 철골 구조물을 위한 철골의 강성은 숫자 하나인데, 토건분야가 항공우주분야 보다 지식이 모자라서 단순한 형태의 재료강성을 쓰는 것이 아니라 산업의 특성에 따라서 가장 적합한 형태의 재료강성을 사용하는 것이다.

그럼 복잡한 형태의 공학적 지식을 토건분야에는 어떻게 적용해야 할까?

단순화하고 쉽게 만들어 박사급 전문인력이 아니더라도 접근

할 수 있을 정도로 문턱을 낮추어야 하는 것이 당연한 이치일 것이다. 비유가 적절할지 모르겠지만 우주선과 항공기가 페라리 자동차라면 건설분야의 구조물은 우리가 일상적으로 접하는 아벤테나 레이 혹은 모닝 차량 정도되지 않을까 싶다. 이런 단순화 작업은 건설분야에는 필수적이며 가장 단순화된 형태가 바로 설계식이다. 이 설계식 또한 잘못 활용될 가능성을 배제하기 위한 가이드를 만들어서 그 가이드에서 허용하는 범위에서만 활용되도록 유도하고 있다. 이 가이드가 우리가 흔히 말하는 설계기준(Design Standard) 혹은 설계시방서(Design Specification)이고 그 내용만 잘 숙지하여 그대로 따라가면 사용자가 누구든간에 상관없이 자동적으로 안정목표치를 충족하게 끔 만들어져 있다.

앞에서 재료역학의 재료에 대해서 이야기 했고, 산업별 구조해석의 적용에 대해서 이야기 하였다. 구조해석에 있어서 확률론적 구조해석은 마치 재료의 6×6 매트릭스와 같은 원초적인 것이다. 결정론적 분석인 설계는 마치 재료의 *E*값과 같이 단순화된 결과이다.

구체적으로 확률론적 구조해석은 사회적 중요성이 큰 구조물에 대해 위험도분석(Risk Analysis) 분야에 적용되고 있다. 단일 시설물로서 비용도 상당하며 파손시 국민의 안전과 국가 경쟁력에 막대한 악영향을 줄 수 있는 시설이 존재한다. 그래서 어떠한 가치보다 안전성이 중요한 시설물이 존재한다. 그중 원자력 발전소가 가장 대표적인 예시이다. 저렴한 전력공급은 국가 산업발전에 핵심이고, 현존하는 가장 저렴하고 대량공급이 가능한 대체 불가한 전력원이 바로 원자력 발전이기 때문이다. 물론, 해체비용까지 고려하고 향후 부지 재사용까지 논하면 갑을박론이 많겠지만 일단 서울을 가야 광화문을 볼 수 있지 않을까 싶다. 당장의 충분한 대체 전력원이 존재하지 않는 이상 우리나라에 있어서는 원자력 발전은 배제 불가한 필수 설비라 생각된다. 해외 사례로 유럽 등에서는 고대 문화재 등의 보존을 위해 확률론적 구조해석을 활용하기도 한다. 국가 중요시설로 분류될 수 있는 공항시설물, 군사 및 국가 안보시설, 국가 안보 전력망, 금융전산 시설 등에도 리스크분석을 부분적으로 수행하고 있는 것으로 알고 있지만 원자력 발전소처럼 확률론적 구조해석을 Full Scope으로 적극적으로 활용하고 있지는 않는 것으로 알고 있다.

2022년 10월 15일 국내를 떠들썩하게 했던 사건 "판교 데이터센터 화재사건"을 언급해 보고자 한다. 이 사건으로 국가 전체가 먹통이 되는 초유의 사태를 대한민국 전체가 함께 경험하였다. 우리나라의 경우 정보통신화의 선두적인 국가로 성공을 이루었으며 성공적인 전자정부 및 전산화, 빠른 인터넷 보급률 등이 현재 국가 경쟁력의 1등 공신일 것이다. 그런데, 그 모든 것이 화재로 위협을 받게 된 사건인 것이다. 2022년에는 화재였지만 다음에는 어떤 리스크가 있을지 알 수 없기 때문이고 그 위험성은 언제나 존재하고 현재의 발전된 대한민국은 그 위험성을 받아들이기는 어려울 것으로 생각된다. 미국 등에서도 부분적으로 데이터센터 등의 확률론적 분석 및 리스크분석을 수행하고 있다고 알고 있다. 국내 엔지니어링 분위기에서 미국 사례를 많이 적용하고 수준을 해외선진국 수준에 맞추고자 노력을 한다. 그런데 그 해외선진국 사례는 대부분 미국 사례이다. 필자의 생각에는 미국보다 오히려 데이터센터 등의 리스크분석을 더 정밀하고 철저히 해야할 것으로 생각된다.

왜? 미국은 그것 말고도 국가 경쟁력이 넘치지만 우리나라는 상대적으로 그러지 못하기 때문에 전력 및 전산망 손실은 우리나라에게는 더욱 치명상의 원인이 될 수 있기 때문이다. 주력 계열사가 20개 쯤되는 오래된 대기업과 특화된 주력 2~3개를 가지고 있는 신생 중견기업은 분명 입장이 다를 수밖에 없는 것이다(※ 대한민국의 선진국 진입은 2021년 쯤으로 본다고 함). 또한 미국이나 중국같이 국토가 넓은 국가는 데이터센터 한두개 파손되어 한두개 도시가 먹통이 되면 분명 타격감은 있겠지만 치명상이 되지는 않을 것 같다. 나라가 넓고 크기 때문이다. 넓은 강당에 전등 100개중 한두개 꺼져도 바로 전등 밑에 사람은 좀 불편해도 강당 전체는 여전히 밝다. 반면 우리집 거실에 있는 전등은 아주 밝고 좋지만 거실은 체육관보다 면적이 좁고 높이도 낮아 전등 3개 이상 설치할 수가 없다. 그런데, 전등이 총 3개라서 전등 1개가 꺼지면 1/3이 깜깜해 지는 것이다. 체육관이 국토가 넓고 산업군이 다양한 나라이고, 거실은 우리나라를 비교할 수 있을 것같다.

그림 3-3에 제시된 간단한 예시를 통해 위험도분석의 개념을 알아보자. 그림 3-3에서 “사건 A”의 안전목표치가 1% 이하라고 가정을 해보자. 그림 3-3에서 “구조물 1”이 파손되고 연이어 “구조물 2”가 파손되면 “사건 A”는 발생한다고 가정하자. 구조물 1과 2의 파손은 서로 100% 완전독립(즉, 연계성이 없음)이라고 가정한다. 아래 그림 3-3에서 “구조물 1”의 파손확률은 4%, “구조물 2”의 파손확률은 0.2%이며 서로 완전독립이기 때문에 “사건 A”의 발생확률은 0.8%이고 이는 “사건 A"의 안전목표치인 1% 이하이기 때문에 위험성분석 결과는 안전한 것으로 평가한다.

안전목표치가 확률로 표현되기 때문에 각종 구조물의 파손도 확률로써 표현되어야 한다. 이런 방법으로 확률론적 구조해석은 위험도평가 혹은 리스크평가 분야에 적용된다. 물론 그림

3-3의 예시와는 달리 실제 실무에서 수행되는 위험도분석의 사건 시나리오는 매우 복잡하고 사건도 복수로 존재하며 개별 사건들과 각 구조물의 파손이 서로 연계되어 완전독립도 아니므로 무척 복잡하다. 다만, 이 책에서는 기본적인 개념에 대한 이해를 목표로 하고 있기 때문에 책의 목적을 고려하여 단순화된 내용을 이해하길 바란다.

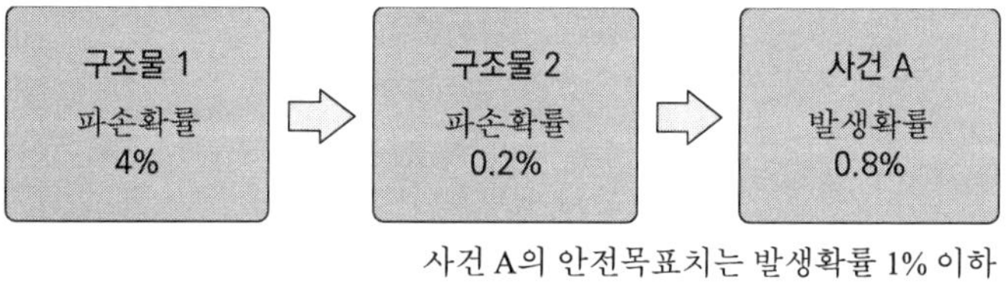

그림 3-3 사건 A 발생활률 예시

Chapter

04

대수정규분포를 활용한 확률론적 구조해석

확률분포란? 어느 특정한 현상 또는 재료시험결과 등의 분포를 수학적 함수로 표현하는 것을 말하며, 확률론적 분석에는 여러가지 확률분포가 적용될 수 있다. 주로 사용되는 확률분포의 종류로는 Log-normal, Gaussian, Gamma, Gumbel, Weibull 등이 있다.

확률론적 구조해석은 이러한 확률분포의 특성을 이용하여 구조해석을 확률론적 관점으로 분석하는 분야로, 재료물성치,

구조파손기준 및 해석결과 등을 확률분포로 정의한다. 확률론적 구조해석에서는 입력치나 결과의 특성을 효과적으로 반영할 수 있는 확률분포를 선택하는 것이 중요하다. 예를 들어 "ㄱ", "ㄴ"이라는 재료가 있다가 가정하자. 재료 "ㄱ"의 재료물성치를 표현하기에는 A확률분포가 적절할 수 있고, 재료 "ㄴ"의 재료물성치를 표현하기에는 B확률분포가 적절할 수 있다. 이런 경우 그림 4-1에서 보이는 바와 같이 통일된 해석 결과를 도출하기 위해서는 확률분포 상호간에 변환(그림 4-1에서 A→D, B→D, C→D)하는 과정이 필요하다. 보통 이런 확률분포의 변환 및 적합성과 관련된 사항은 대학 및 전문연구기관을 통해 연구되곤 한다.

엔지니어링 분야에서는 다양한 확률분포 중에서 대수정규분포(Log-normal Distribution)(혹은 로그정규분포, ※ 문장의 뉘앙스에 따라 혼용하여 사용하기로 함)을 많이 사용한다. 정규분포(Normal Distribution)는 우리가 이미 고등학교시절 수학시간에서 배운 것이고 비교적 익숙하며 가장 기본적인 확률분포이다.

또한, 자연현상을 비교적 정확히 모사할 수 있는 신뢰성이 있는 확률분포라는 것은 널리 알려진 사실이다. 정규분포 이외의 확률분포도 특수 엔지니어링 분야에서 활용되는 경우가 있지만, 상대적으로 가장 활용도가 높고 특히 토건분야 뿐만 아니라 기계 및 전기 분야에서도 주로 정규분포를 기초로 하는 확률론적 분석이 가장 활발하게 수행됨에 따라 이 책에서는 정규분포(※ 표준정규분포, 대수정규분포 포함)만 다루기로 한다. 이 책의 목적이 실무자의 이해를 돕기 위한 것이므로 기초 이론의 개념을 설명하는 것에 중점을 두고자 한다.

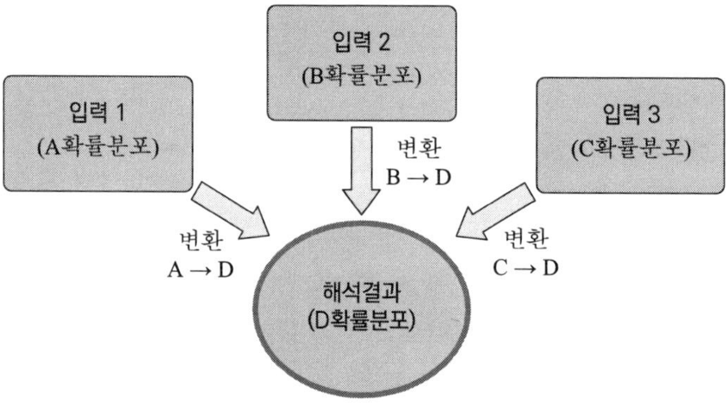

그림 4-1 해석결과를 위한 입력 확률분포의 변환

4.1 정규분포

각종 자연현상 및 물리적 현상의 분포를 그림 4-2와 같은 종 모양으로 분포한다고 가정하고 이것을 수학적 함수로 표현한 것이 정규분포이다. 정규분포는 가장 일반적이고 기초적인 확률분포이며, 각종 자연현상 및 물리적 현상의 분포를 표현하기에 적합한 분포라고 알려져 있다. 또한, 이 책에서 다루고 있는 토목 및 건축분야의 각종 구조물뿐만 아니라 기계 및 전기 분야에서도 널리 활용되고 있는 확률분포이다. 뒤에서 설명되는 표준정규분포 및 대수정규분포의 경우 정규분포의 특수한 형태로 정규분포에 포함된다. 표기는 $N(\mu, \sigma^2)$와 같이하고, 그림 4-2를 수식으로 나타내면 식 (4-1)과 같다. 이때, N은 Normal의 이니셜(Initial)이며 정규분포를 나타낸다. x는 확률변수이고, μ는 확률변수 x의 평균, σ는 확률변수 x의 표준편차, σ^2는 확률변수 x의 분산을 각각 뜻한다.

$$N(\mu, \sigma^2) \rightarrow f(x) = \frac{1}{\sqrt{2\pi}\,\sigma} e^{-\frac{1}{2}\left(\frac{x-\mu}{\sigma}\right)^2} \tag{4-1}$$

여기서, x : 확률변수, μ : 평균, σ : 표준편차

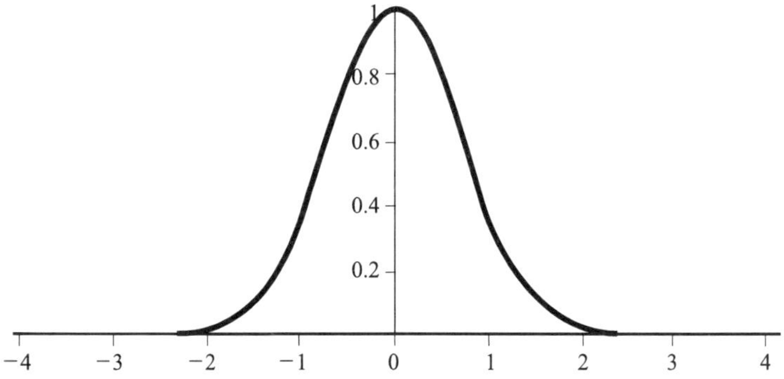

그림 4-2 정규분포의 예시

4.2 표준정규분포

정규분포의 여러 경우 중에서 평균(μ)이 0이고, 표준편차(σ)가 1인 경우를 표준정규분포(Standardized Normal Distribution)라고 한다. 사실 그림 4-2는 표준정규분포의 그림이고, 표준정규분포는 정규분포에 포함된다. 정규분포와 표준정규분포의 관계를 알아보기 위해 식 (4-1)에 $\mu \rightarrow 0$, $\sigma \rightarrow 1$을 각각 대입해 보자. 식 (4-1)은 식 (4-2)와 같은 형태로 변경되고, x를 Z로 바꿔쓰면 식 (4-3)와 같다. 식 (4-3)이 표준정규분포이다. 즉, 표준정규분포는 정규분포중에서 평균이 0이고 표준편차가 1인 특수한 경우를 말한다.

$$f(x) = \frac{1}{\sqrt{2\pi} \times 1} e^{-\frac{1}{2}\left(\frac{x-0}{1}\right)^2} \rightarrow f(x) = \frac{1}{\sqrt{2\pi}} e^{-\frac{1}{2}x^2} \tag{4-2}$$

$$f(Z) = \frac{1}{\sqrt{2\pi}} e^{-\frac{1}{2}Z^2} \tag{4-3}$$

그런데, 어떤 자료를 가지고 분석을 해보니 다행히 평균이 0이 나오고 표준편차가 1이면 좋겠지만, 대부분 경우에는 평균은 0이 아니고 표준편차도 1이 아닐 것이다. 사실 그런 경우는 거의 없을 것이다. 그럼 실제로 발생하지도 않는 표준정규분포의 경우가 왜 필요 할까?

사실 모든 확률분포는 실제 존재하지 않는다. 어떻게 실제 자료가 정확하게 그림 4-2와 같은 하나의 실선으로 표현할 수 있을 것인가? 실제로는 그림 4-2와 같은 실선을 중심으로 위아래로 분포되어 있고, 이 분포를 우리는 대표적으로 하나의 실선으로 표현하는 것이다.

여러가지 확률변수분포를 동시에 표현함에 있어 동일한 정규분포를 사용한다고 하더라도 각 확률변수의 세부 특성이 서로 다르기 때문에 각 자료를 표준화할 필요성이 있다. 이런 표준화 과정을 통해 서로 다른 확률분포들을 비교하고 조합하는 것과 같은 확률적 분석 행위가 더욱 편리해지기 때문이다. 즉, 자연상태에서 취득된 데이타와 자연을 모사하기 위한 이론적 가상세계와의 연결고리인 정규분포를 표준화 과정을 통해 더욱 편리해지도록 고안한 것이 표준정규분포라 생각하면 좋을 것 같다.

표준정규분포의 확률변수를 Z라고 정의한 다음 원(Original) 자료의 확률변수인 x와 관계를 규명해 준다면 정규분포를 표준정규분포화 할 수 있을 것이다. Z의 의미를 다시 되세겨 본다면 Z는 확률변수 x의 정규분포를 평균 μ만큼(식 (4-2)에서 $-\mu$) 이동하고, 표준편차 σ만큼 폭을 줄여($1/\sigma$)서 표준화하는 도구인 것이다. 즉, Z는 식 (4-4)와 같으며(식 (4-1), (4-3) 참조) 전환자(Transformation)라고 부른다.

$$Z=\frac{x-\mu}{\sigma} \tag{4-4}$$

즉, 일반적인 정규분포의 평균과 표준편차가 0과 1이 아니기 때문에 정규분포의 확률변수 x를 Z화하는 방법은 식 (4-4)에 따라서 계산하면 된다. 이것을 그림으로 표현하면 그림 4-3, 그림 4-4와 같다. 그림 4-3에서와 같이 각각 존재하는 확률분포가 그림 4-4에서 보이는 바와 같이 전환자 Z를 통해 평균과 표준편차가 통일된 0과 1로 표준화되는 것이다.

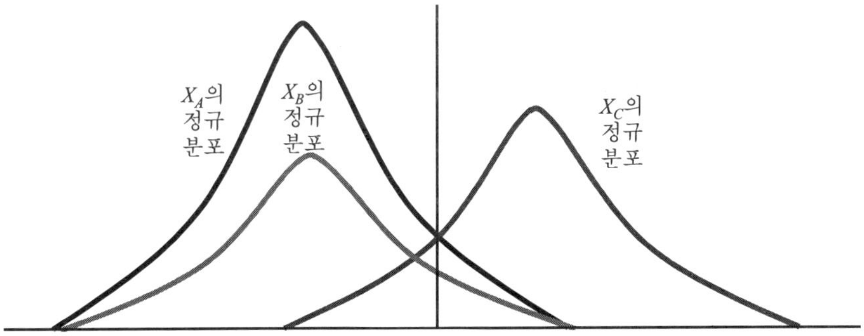

그림 4-3 정규분포 군(Group)

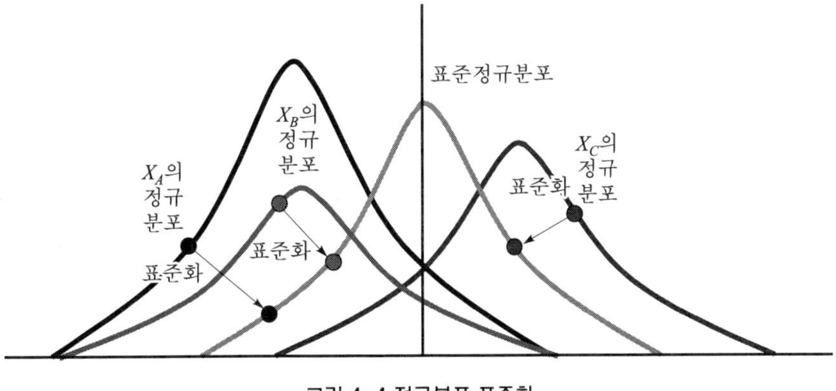

그림 4-4 정규분포 표준화

확률론적 구조해석에서 표준정규분포가 필요한 이유에 대해서 다시 한번 정리하고 좀 더 구체적으로 생각해 보자.

여러가지 확률변수가 동시에 존재하는 경우 각 확률분포의 평균값과 표준편차가 존재할 것이다. 분석을 위해서는 확률분포의 상대적 비교가 필요할 경우가 있다. 이때, 각 확률변수를 표준화(Standardized)할 경우 한눈에 쉽게 비교할 수 있다. 그렇지 않으면, 각 확률분포와 변수가 개별적으로 존재하여 서로의 영향을 파악하기가 어렵고 확률변수가 동시에 복수로 존재한다면 더욱 비교가 어려워질 것이다. 그림 4-3에서 보이는 바와 같이 서로 다른 정규분포 2개가 각각 표기 된다면 중앙값의 크기 정도의 단순한 비교 이외 확률론적 의미를 갖는 불확실성 분석, 동일한 하중 작용시 취약성의 상대적 분석 등은 별도의 수치해석 기법을 적용하지 않는 이상 사실상 분석은 불가능할 것이다. 그러나 그림 4-4와 같이 이것을 표준화(초록색)한다면, 평균과 표준편차가 서로 다른 분포라도 동일한 확률분포 즉 표준정규분포로 표현할 수 있기 때문에 비교가 쉬워진다.

경우에 따라 “정규분포가 아니거나 표준화 과정이 없어도 확률분석은 더 정확히 할 수 있는데 이런 과정이 왜 필요한가?” 라는 반문을 할 수 있다. 맞는 말이다. 하지만 그러기 위해서는 반드시 별도의 수치해석 기법이 적용되어야 하며, 이러한 방법은 엔지니어링이기 보다는 대학 및 전문연구기관에서 수행되는 연구의 일환일 경우가 많다. 기술의 보편화를 위해서는 일반 대졸 수준 엔지니어가 쉽게 사용할 수 있는 도구가 필요하며 이 도구가 바로 표준정규분포이다.

사실 기술적으로 안되는 것은 거의 없다. 다만 시간과 비용이 필요할 뿐이다. 가끔 우리는 공학 경제학을 잊을 때가 종종 있다. 잊지 말자.

약간 쉬어가는 의미로 영화의 한 장면을 소개하고자 한다.

인도 천재공학도들의 이야기를 재미있게 표현한 2011년에 개봉된 인도영화 세얼간이(3 Idiots)의 한 장면이 생각난다. 아마도 영화배경이 인도공과대학 IIT(Indian Institute of Technology)가 아닐까 싶다. 아무튼.. 자타공인 권위가 만렙인 대학 총장님께서 학생들 앞에서 연설을 하는중에 자신의 주머니에서 만연필을 하나꺼내 보여준다. 과거 우주탐사시절 서구 선진국에서 개발된 스페이스 펜으로 그 만연필은 각도, 온도, 중력 모두 상관없이 쓸 수 있어서 중력이 없는 우주에서도 잉크가 새거나 잉크 충전시 잉크가 공중에 날아다니는 것을 쉽게 해결할 수 있는 특수한 것이라고 소개한다. 개발비가 엄청 많이 들었다고 하며, 총장님 본인도 학생시절 자기 스승님께 받은 것이고 자신과 비슷한 훌륭한 제자를 만나면 물려주라고 했다고 이야기 한다. 그런데 32년 동안 아직까지 그 펜을 물려줄 학생을 만나지 못했다고 이야기 한다. 그리고 강조한다. 이것이 미래고 바로 과학이라고, 그리고 이 펜을 받을 만한 학생이 이 중에 있길 바란다고... 요즘 말로 간지 장난 아니다. 모든 학생이 총장님을 우러러 보고 어떤 학생은 이미 눈에 총장님을 동경하는 눈빛이 역력하다. 그런데, 가만히 듣고 있던 주인공이 질문한다. "왜? 연필을 쓰지 않았습니까?...연필쓰면 될 것을 왜 그렇게 힘들어서 비싼걸 만들어 썼냐고?" ... 순간 모든 사람이 멍해진다.

우리도 가끔 유사한 실수를 할 경우가 있다. 고정관념에 사로잡힐 때가 있다. 가다가 종종 멈춰서 하늘도 보고 땅도 보고, 주의도 둘러보고 그렇게 하는 것이 지혜 있음을 꼭 기억하자.

다시 본론으로 돌아가자 너무 삼천포로 빠졌다.

즉, 정규분포 A, B, C는 전환자 Z를 통해 표준정규분포화 되고 통일된 기준에 따라 표준화 되기 때문에 쉽게 비교할 수 있게 된다.

정규분표 A(확률변수 x_A) ↘
정규분표 B(확률변수 x_B) → 전환자 Z → **표준정규분포**
정규분표 C(확률변수 x_C) ↗

- x_A와 Z의 관계, x_B와 Z의 관계, x_C와 Z의 관계가 각각 정의됨
- x_A, x_B, x_C는 Z의 함수로 표현할 수 있음
- 정규분포 A, B, C는 표준정규분포를 공통분모처럼 사용하여 표현 가능함

4.3 대수정규분포

대수정규분포의 말뜻부터 알아보자. 필자만 그런지 모르겠지만 용어가 느낌이 안오면 마치 뜻구름 잡는 것처럼 머릿속에서 개념에 맴돌고 떠다니는 느낌이며 뭔가 지식이 안착되는 느낌이 없다. 비슷한 감정을 느끼는 독자가 있으시면 이번 기회에 한번 같이 알아보는 시간을 갖도록 하자.

대수정규분포는 한자어다. 여기서 핵심은 "대수"이고 한자로 對數라고 쓴다. 對의 뜻은 "대응하다", "응답하다" 이런 뜻이다. 즉, "대수"의 의미는 "대응하는 숫자"로 풀이할 수 있다. 필자의 경우 그냥 막연히 "大"인가? 뭐 "큰 숫자"? 이런 의미로 막연히 아무렇게 생각한 적도 있다. "대수"에 상응하는 영어단어를 찾아보면 Logarithm이라고 한다. Logarithm의 어원은 17세기 수학자 존 네이피어(John Napier)가 만든 말이라고 하고, 그리스어로 "비율"을 의미하는 Logos와 "숫자"를 의미하는 arithmos를 조합하여 만든 단어라고 한다. 요약을 하면, 對數(대수) = 어떤 수에 대응하는 수 → "로그(Log)"로 정리 할 수 있다. 이상의 내용을 대수정규분포의 정의와 한번 매칭시켜 보면 다음과 같이 풀어쓸 수 있을 것이다.

확률분포 x가 정규분포를 따르고 $y=\ln x$라 할 때, 정규분포식 식 (4-1)을 이용하면 $f(\ln x)$ (혹은 $f(y)$)가 정규분포를 따른다는 것이다. ① x → ② Log 함수 취함($\ln x$) → ③ 정규분포 $f(\ln x)$로 전환되는 일련의 과정이고, ① → ③ 즉, 확률변수가 정규분포로 바로 가면 그냥 정규분포인데 ②라는 Log 함수를 취하는 중간과정을 거치기 때문에 앞에 "로그"라는 말을

붙여서 로그정규분포라고하고 우리말로 대수정규분포라고 부른다. 다시 한번 정리하면, 확률변수 x가 로그 $\ln x$로 변환되어 "로그", 로그가 정규분포 $f(\ln x)$을 따르기 때문에 "정규분포", 일련의 과정을 합쳐서 "로그정규분포" 우리말로 "대수정규분포"이다.

아래 식 (4-5)의 확률밀도함수 변환(Transformation) 공식이며 이 공식을 이용해 정규분포를 대수정규분포로 변환할 수 있다.

$$f_X(x) = f_Y(\ln x) \cdot \left| \frac{d}{dx} \ln x \right| = f_Y(\ln x) \cdot \frac{1}{x} \qquad (4\text{-}5)$$

여기서, $Y \sim N(\mu, \sigma^2)$ 즉 $Y = \ln x$

식 (4-5)에 따라 식 (4-1)을 변환하면 식 (4-6)과 같이 유도될 수 있다.

$$\begin{aligned} f(x) = f(\ln x) \cdot \frac{1}{x} &= \frac{1}{\beta\sqrt{2\pi}} e^{-\frac{1}{2}\left(\frac{\ln x - \mu}{\beta}\right)^2} \cdot \frac{1}{x} \\ &= \frac{1}{x\beta\sqrt{2\pi}} e^{-\frac{1}{2}\left(\frac{\ln x - \mu}{\beta}\right)^2} \qquad (4\text{-}6) \end{aligned}$$

여기서, μ : $\ln x$의 평균, β : $\ln x$의 표준편차

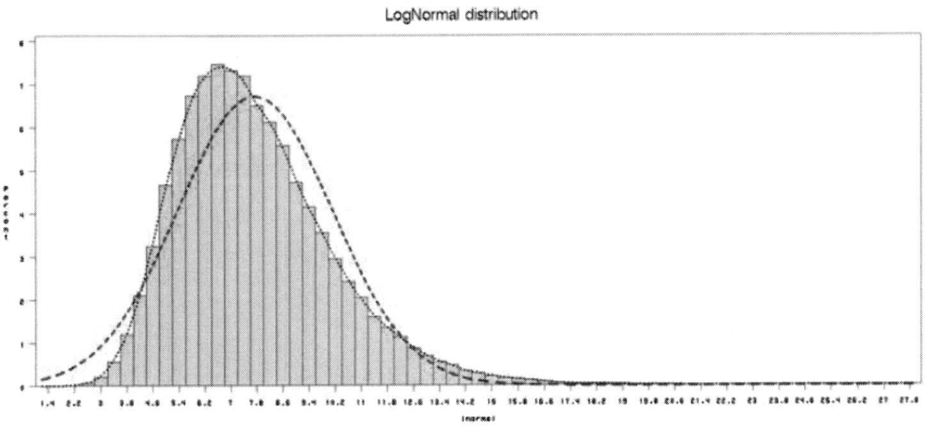

그림 4-5 대수정규분포 예시 1

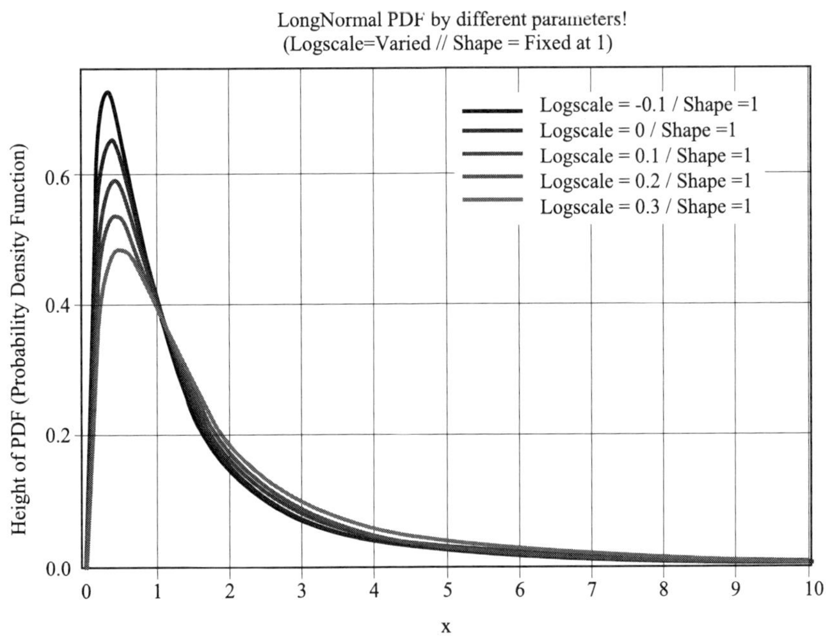

그림 4-6 대수정규분포 예시 2

4.4 정규분포, 표준정규분포, 대수정규분포 상호변환

정규분포와 대수정규분포는 대수 즉 로그를 취하였다는 것 이외 근본적으로 동일한 정규분포이고, 표준정규분포 역시 정규분포의 특정한 형태를 의미하는 것 이외 근본적으로 동일한 정규분포이다. 따라서 정규분포, 표준정규분포, 대수정규분포의 상호변환은 비교적 손쉽게 가능하다.

식 (4-6)에서 μ를 $\ln x_m$로($\mu \rightarrow \ln x_m$)변경하여 식 (4-7)와 같이 써보자.

$$f(x)=\frac{1}{x\beta\sqrt{2\pi}}e^{-\frac{1}{2}\left(\frac{\ln x-\ln x_m}{\beta}\right)^2} \quad (4\text{-}7)$$

또한, 확률변수 x가 정규분포를 따른다면 x는 표준정규분포와 대수정규분포를 따르고 서로 상호변환이 가능하다. 이런 관계성으로 인해 다음과 같은 관계의 성립이 가능하다.

$$x(\text{정규분포를 따름}) \rightarrow P_f(x) = \Phi(Z) \quad (4\text{-}7)$$

여기서, $P_f(x)$: 대수정규분포, $\Phi(Z)$: 표준정규분포

다시 정리하면, x가 정규분포를 따르면 $P_f(x)$도 따르고, $P_f(x)$는 정규분포의 특성이 그대로 있으므로 $\Phi(Z)$로 변환된다. $P_f(x)$와 $\Phi(Z)$의 관계는 x와 Z의 변환 관계를 통해 정의할 수 있고, 이것을 일반적으로 "표준정규분포와 대수정규분포는 전환자 Z를 통해 상호변환이 가능하다."라고 말한다.

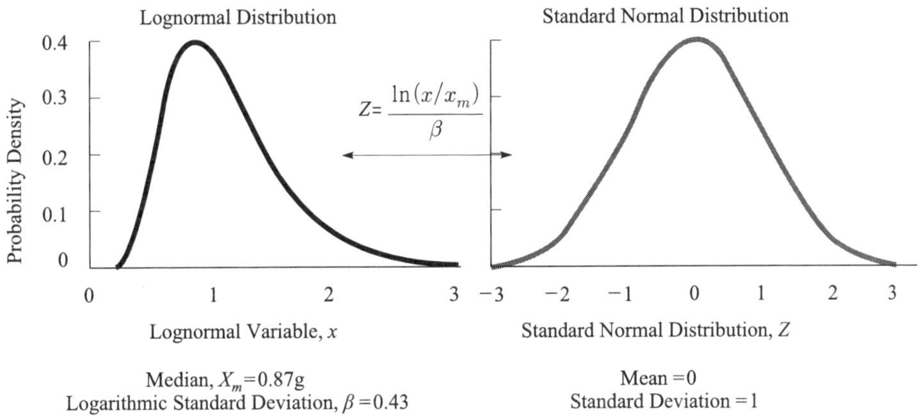

그림 4-7 표준정규분포-로그정규분표 상호변환 개념
(출처 : EPRI 3002012994)

이상의 내용을 먼저 숙지하고 식 (4-4)의 $Z=\frac{x-\mu}{\sigma}$을 이용하면 표준정규분포의 전환자(Z), 정규분포의 확률변수 x, 대수정규분포 표준편차 β의 관계는 식 (4-8)과 같이 유도할 수 있다. 이점이 가장 중요한 부분중 한 부분이라고 강조하고 싶다. 여기까지 이해에 어려움이 있다면 몇 번이고 되풀이해 읽어보고 고민의 시간을 갖길 적극 권장한다.

$$Z=\frac{\ln x-\ln x_m}{\beta}=\frac{\ln(x/x_m)}{\beta} \tag{4-8}$$

$$\beta Z=\ln\left(\frac{x}{x_m}\right)$$

$$\beta=\frac{1}{Z}\ln\left(\frac{x}{x_m}\right)$$

여기서, x : 확률변수(정규분포)
x_m : 확률변수 x의 평균
β : 대수정규분포의 표준편차
Z : 표준정규분포의 전환자

식 (4-8)이 가장 중요한 이론중 하나이며, 정규분포, 표준정규분포, 대수정규분포의 특성들이 복합적으로 연결되어 있는 수식임을 알 수 있다.

식 (4-8)에서 Z는 그림 4-8과 같은 표준정규분포표를 통해 구할 수 있다. 정규분포의 평균 x_m을 알고 있고, 특정한 x의 초과확률을 알고 있다면, 그림 4-8을 통해 Z을 확인할 수 있고, 결론적으로 β을 계산할 수 있다. 아래 예시 1과 같이 x_m을 300이라고 하고, 99% 초과확률을 가지는 x는 400이라고 하자, 99% 초과확률이기 때문에 Z는 2.33이다. 식 (4-8)에 따라 β를 구하면 0.123가 계산된다.

예시 1)

x_m:300, $x_{99\%}$(※ 초과확률 99%) : 400 → Z:2.33(그림 4-8 참조)

$$\beta = \frac{1}{Z}\ln\left(\frac{x_{99\%}}{x_m}\right) \rightarrow \beta = \frac{1}{2.33}\ln\left(\frac{400}{300}\right) = 0.123$$

그림 4-8을 보면 평균 0을 중심으로 좌우 대칭이다. 따라서 Z는 음(-)의 값을 취할 수도 있다. $x_{1\%}$을 200라 가정하고, 표준정규분포의 좌우 대칭성을 고려하면 $x_{1\%}$에 해당하는 Z는 -2.33이 된다. 이상의 조건에 따라 계산할 경우 β는 0.174로 계산된다.

예시 2)

x_m:300, $x_{1\%}$(※ 초과확률 1%) : 200 → Z:-2.33(그림 4-8 참조)

$$\beta = \frac{1}{Z}\ln\left(\frac{x_{1\%}}{x_m}\right) \rightarrow \beta = -\frac{1}{2.33}\ln\left(\frac{200}{300}\right) = 0.174$$

취약도 분석에서는 구조물의 성능은 성능확률분포의 중앙값보다 낮은 값 즉 중앙값에서 왼쪽에 관심이 많다. 예를 들어 파손확률 5%, 1% 등은 익숙하지만 파손확률 80% 이렇게 표현한 경우는 들어본 적이 없을 것이다. 사실 파손확률 80%라고 하면 안전성 측면에서 그 값 자체가 무슨 의미가 있겠는가? 앞으로는 Z에 (-)기호가 붙어있는 형태에 좀 더 익숙해 지도록 하자.

이번에는 이런 경우를 생각해 보자. 문헌 자료를 통해 x_m과 β를 알 수 있다면 뭘 할 수 있을까? 파손확률에 따른 x을 계산할 수 있다. 몇 가지 예시를 아래와 같이 언급한다. 즉, x_m과 β를 확정한 다음 구하고 싶은 파손확률에 따른 Z값을 그림 4-8를 통해 얻고, 수집된 자료를 식 (4-8)에 적용하여 계산하면 된다.

예시 3)

$$\beta = \frac{1}{Z}\ln\left(\frac{x}{x_m}\right) \rightarrow Z\beta = \ln\left(\frac{x}{x_m}\right) \rightarrow e^{Z\beta} = \frac{x}{x_m} \rightarrow x = x_m e^{Z\beta}$$

x_m : 300, β : 0.174 일 때,

$x_{1\%} \rightarrow Z = -2.33,\ x_{1\%} = 300e^{-2.33\times0.174} = 200.01$

$x_{2\%} \rightarrow Z = -2.05,\ x_{2\%} = 300e^{-2.05\times0.174} = 210.00$

$x_{5\%} \rightarrow Z = -1.65,\ x_{5\%} = 300e^{-1.65\times0.174} = 225.13$

STANDARD STATISTICAL TABLES

1. Areas under the Normal Distribution

The table gives the cumulative probability up to the standardised normal value z i.e.

$$P[\,Z < z\,] = \int_{-\infty}^{z} \frac{1}{\sqrt{2\pi}} \exp(-\tfrac{1}{2}Z^2)\, dZ$$

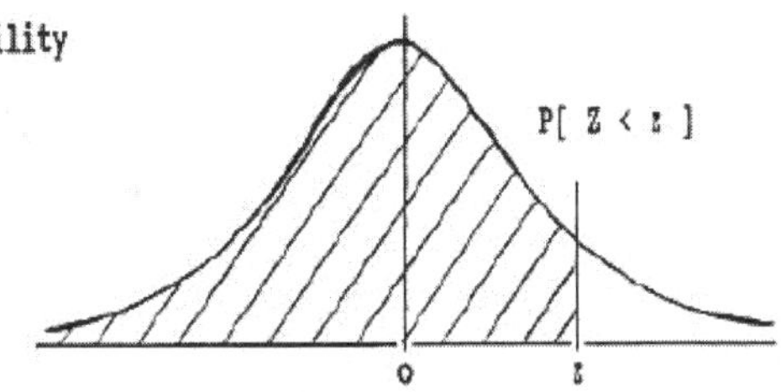

z	0.00	0.01	0.02	0.03	0.04	0.05	0.06	0.07	0.08	0.09
0.0	0.5000	0.5040	0.5080	0.5120	0.5159	0.5199	0.5239	0.5279	0.5319	0.5359
0.1	0.5398	0.5438	0.5478	0.5517	0.5557	0.5596	0.5636	0.5675	0.5714	0.5753
0.2	0.5793	0.5832	0.5871	0.5910	0.5948	0.5987	0.6026	0.6064	0.6103	0.6141
0.3	0.6179	0.6217	0.6255	0.6293	0.6331	0.6368	0.6406	0.6443	0.6480	0.6517
0.4	0.6554	0.6591	0.6628	0.6664	0.6700	0.6736	0.6772	0.6808	0.6844	0.6879
0.5	0.6915	0.6950	0.6985	0.7019	0.7054	0.7088	0.7123	0.7157	0.7190	0.7224
0.6	0.7257	0.7291	0.7324	0.7357	0.7389	0.7422	0.7454	0.7486	0.7517	0.7549
0.7	0.7580	0.7611	0.7642	0.7673	0.7704	0.7734	0.7764	0.7794	0.7823	0.7854
0.8	0.7881	0.7910	0.7939	0.7967	0.7995	0.8023	0.8051	0.8078	0.8106	0.8133
0.9	0.8159	0.8186	0.8212	0.8238	0.8264	0.8289	0.8315	0.8340	0.8365	0.8389
1.0	0.8413	0.8438	0.8461	0.8485	0.8508	0.8531	0.8554	0.8577	0.8599	0.8621
1.1	0.8643	0.8665	0.8686	0.8708	0.8729	0.8749	0.8770	0.8790	0.8804	0.8830
1.2	0.8849	0.8869	0.8888	0.8907	0.8925	0.8944	0.8962	0.8980	0.8997	0.9015
1.3	0.9032	0.9049	0.9066	0.9082	0.9099	0.9115	0.9131	0.9147	0.9162	0.9177
1.4	0.9192	0.9207	0.9222	0.9236	0.9251	0.9265	0.9279	0.9292	0.9306	0.9319
1.5	0.9332	0.9345	0.9357	0.9370	0.9382	0.9394	0.9406	0.9418	0.9429	0.9441
1.6	0.9452	0.9463	0.9474	0.9484	0.9495	0.9505	0.9515	0.9525	0.9535	0.9545
1.7	0.9554	0.9564	0.9573	0.9582	0.9591	0.9599	0.9608	0.9616	0.9625	0.9633
1.8	0.9641	0.9649	0.9656	0.9664	0.9671	0.9678	0.9686	0.9693	0.9699	0.9706
1.9	0.9713	0.9719	0.9726	0.9732	0.9738	0.9744	0.9750	0.9756	0.9761	0.9767
2.0	0.9773	0.9778	0.9783	0.9788	0.9793	0.9798	0.9803	0.9808	0.9812	0.9817
2.1	0.9821	0.9826	0.9830	0.9834	0.9838	0.9842	0.9846	0.9850	0.9854	0.9857
2.2	0.9861	0.9865	0.9868	0.9871	0.9874	0.9878	0.9881	0.9884	0.9887	0.9890
2.3	0.9893	0.9896	0.9898	0.9901	0.9904	0.9906	0.9909	0.9911	0.9913	0.9916
2.4	0.9918	0.9920	0.9922	0.9924	0.9927	0.9929	0.9931	0.9932	0.9934	0.9936
2.5	0.9938	0.9940	0.9941	0.9943	0.9945	0.9946	0.9948	0.9949	0.9951	0.9952
2.6	0.9953	0.9955	0.9956	0.9957	0.9959	0.9960	0.9961	0.9962	0.9963	0.9964
2.7	0.9965	0.9966	0.9967	0.9968	0.9969	0.9970	0.9971	0.9972	0.9973	0.9974
2.8	0.9974	0.9975	0.9976	0.9977	0.9977	0.9978	0.9979	0.9980	0.9980	0.9981
2.9	0.9981	0.9982	0.9982	0.9983	0.9984	0.9984	0.9985	0.9985	0.9986	0.9986

z	3.00	3.10	3.20	3.30	3.40	3.50	3.60	3.70	3.80	3.90
P	0.9986	0.9990	0.9993	0.9995	0.9997	0.9998	0.9998	0.9999	0.9999	1.0000

그림 4-8 표준정규분포표(출처 : 인터넷 검색)

다시 한번 정리해 보자 !

(1) 자연현상 및 역학적 물리적 현상은 정규분포를 따름

(2) 정규분포를 따른다면 대수정규분포도 따름

(3) 모든 정규분포는 표준화 즉, 표준정규분포화가 가능하기 때문에 대수정규분포도 표준정규분포화가 가능함

(4) $P_f(x) = \Phi(Z)$의 관계를 이용해 서로 비교할 수 있음.
(여기서, $P_f(x)$: 대수정규분포, $\Phi(Z)$: 표준정규분포)

(5) 표준정규분포($\Phi(Z)$)는 이미 표준화된 결과를 가지고 있기 때문에 $\Phi(Z)$를 이용한다면, $P_f(x)$에서 특정한 파손확률에 해당하는 x값을 구할 수 있고, 역으로 x값에 해당하는 파손확률도 구할 수 있음

이상의 내용을 그림 4-9로 표현하였다.

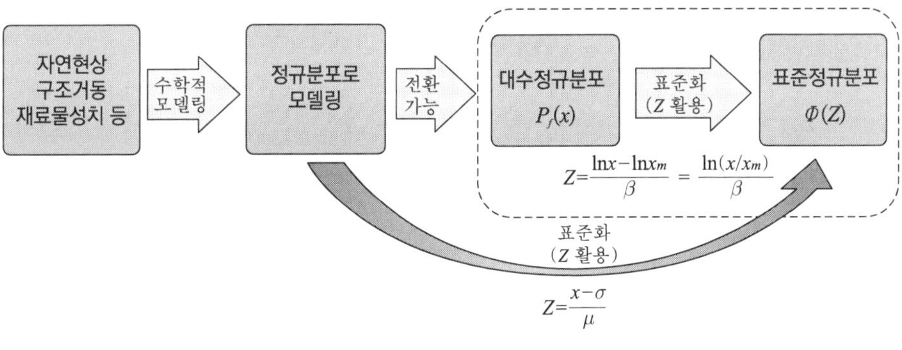

그림 4-9 표준정규분포-대수정규분포 상호변환

정규분표 A → 대수정규분표 ln$A$ ↘
정규분표 B → 대수정규분표 ln$B$ → 전환자 Z → 표준정규분포
정규분표 C → 대수정규분표 ln$C$ ↗

4.5 대수정규분포의 4가지 유용한 성질

확률론적 구조해석 및 취약도 분석에 있어서 대수정규분포의 유용한 4가지 성질(Useful Properties)이 있다.

유용성 1

확률변수 x가 대수정규분포를 따를 때 x의 평균(Average) x_{ave}은 x의 중앙값(Median) x_m과 아주 유사하고, 실무에서는 서로 동일하게 간주한다.

$$x_{ave} = x_m \times e^{\beta^2/2} \tag{4-9}$$

$$x_m \approx x_{ave}$$

유용성 2

확률변수 x가 대수정규분포를 따를 때 x의 변동계수 COV(표준편차/평균)와 $\ln x$의 표준편차 β는 서로 유사하고, 실무에서는 서로 동일하게 간주한다.

<u>예시</u> : 철근의 인장시험자료를 활용하여 계산된 변동계수를 취약도 모델의 대수표준편차와 동일하게 적용함(※ 대수정규분포로 취약도 모델을 사용한 경우에 한함).

$$\sigma_x = x_{ave} \times \sqrt{e^{\beta^2} - 1} \;\rightarrow\; \frac{\sigma_x}{x_{ave}} = \sqrt{e^{\beta^2} - 1} \approx \beta \tag{4-10}$$

$$COV = \frac{\sigma_x}{x_{ave}}, \quad \beta \approx COV$$

여기서, x_{ave} : 확률변수 x의 평균

σ_x : 확률변수 x의 표준편차

β : $\ln x$의 표준편차

유용성 3

대수정규분포 Y의 중앙값 y_m는 y_m에 영향을 미치는 요소(x_1, x_2, x_3, ...)의 확률분포 중앙값(x_{m1}, x_{m2}, x_{m3}, ...)의 곱으로 계산할 수 있는 수학적 장점이 있다.

$$y_m = x_{m1} \times x_{m2} \times x_{m3} \times .... \tag{4-11}$$

유용성 4

대수정규분포 Y의 표준편차 β_y은 각 영향요소의 표준편차(β_1, β_2, β_3, β_4, ...)의 평균제곱근(SRSS, Square Root Sum of Squares)으로 계산할 수 있는 수학적 장점이 있다.

$$\beta_y = \sqrt{\beta_1^2 + \beta_2^2 + \beta_3^2 + ...\beta_n^2} \tag{4-12}$$

즉, 유용한 성질 4가지 중 앞에 2가지는 확률변수의 평균값, 중앙값과 표준편차 및 변동계수의 상호관계와 관련된 것이며, 뒤에 나머지 2가지는 대수정규분포를 취약도 분석에 적용함으로 얻을수 있는 수학적 장점(편리성)에 관한 것이다. 구체적으로 위의 유용한 4가지 성질이 어떻게 활용되는지 예시 4를 통해 살펴보고자 한다.

예시 4)

건설된지 10년이 지난 콘크리트 부재의 압축강도를 추정하고자 한다. 부재의 압축강도는 정규분포를 따른다고 가정한다.

가정 1. 문헌 조사를 통해 시공 당시 시행한 압축강도 시험결과 10개를 얻었음

가정 2. 10년간 압축강도에 영향을 미치는 요소는 3개(A, B, C)로 분석되었음

가정 3. 대수정규분포를 활용하여 각 요소에 따른 콘크리트 강도의 변동성을 표기하였음

아래 표 4-1와 같이 시험체는 1 ~ 10번까지 총 10개가 있으며, 산술평균을 계산한 결과 312.5*MPa*이고, 표준편차는 31.07*MPa*로 조사되었다. 시험체 결과를 로그로 표시 후 로그평균을 계산한 결과는 5.74*MPa*이었고, 표준편차는 0.1002었다. 변동계수(*COV*)은 계산된 표준편차를 평균으로 나눈값이며 0.0994(=31.07/312.5)로 계산되었다.

참조로 이론식인 식 (4-9)를 이용하여 중앙값을 계산한 결과 311.0*MPa*로 계산 되었으며 평균값인 312.5*MPa*와 유사한 결과를 보였다. 변동계수(*COV*)*는 식 (4-10)을 이용하여 계산된 결과로 계산결과는 0.1004이다. 로그표준편차 0.1002 및 정규분포의 변동계수(*COV*) 0.0994와 유사한 값이 계산됨을 확인할 수 있다.

표 4-1 콘크리트 부재의 압축강도 추정 예시

시험체 No 및 결과	압축강도(MPa)		비고
	Pn	LN(Pn)	
1	268	5.59	
2	270	5.60	
3	295	5.69	
4	302	5.71	
5	330	5.80	
6	320	5.77	
7	330	5.80	
8	300	5.70	
9	350	5.86	
10	360	5.89	
평균(average)	312.5	5.74	중앙값과 유사
표준편차(β)	31.07	0.1002	
변동계수(*COV*)	0.0994	-	표준편차/평균
※ 중앙값(median)	311.0	-	식 (4-9)
※ 변동계수(*COV*)*	-	0.1004	식 (4-10)

표 4-2는 “가정 2”, “가정 3”에 따라 조사된 10년 후 콘크리트 부재 압축강도에 영향을 미치는 요소를 A, B, C로 나타낸 표이다. 10년 후 콘크리트 부재 압축강도는 A요소에 의해 변동될 수 있으며, 변동 영향을 대수정규분포로 나타낼 때 중앙값과 로그표준편차는 각각 0.9, 0.011이다. B, C의 영향도 비슷하게 설명할 수 있다. 각 영향요소의 적용 조건에 따른 10년 후 압축강도는 식 (4-11)과 식 (4-12)를 적용하여 간편히 계산할 수 있다.

엔지니어링 업무는 연구와는 달리 제한된 환경조건에서 최선의 결과를 도출하는 것이 상당히 중요한 요소이다. 때문에 영향 요소의 조건별 적용 유무에 따른 강도를 손쉽게 계산할 수 있다는 것은 상당한 이점임을 기억하자.

표 4-2 10년 후 콘크리트 강도 영향요소 및 추정 결과값

항목		중앙값	로그 표준편차	비고
콘크리트 과거시험 강도 (MPa)		312.50	0.100	표 4-1 가정 1
영향 요소 (Median Factor 및 불확실성)	A	0.90	0.011	가정 2 가정 3
	B	1.00	0.035	
	C	1.10	0.052	
영향 요소 조건별 10년 후 압축 강도 추정(MPa)	A	281.25	0.101	식 (4-11) 식 (4-12)
	B	312.50	0.106	
	C	343.75	0.113	
	A,B	281.25	0.107	
	A,C	309.38	0.113	
	B,C	343.75	0.118	
	A,B,C	309.38	0.119	

지금까지 정규분포를 다루었고, 아주 길게 설명하였다. 그만큼

중요한 부분이다. 그래서 한번 더 강조하며, 더불어 여담도 곁들이고자 한다. 사실 잔소리로 들릴수도 있지만 이해 바란다. 그만큼 이부분이 중요하다는 뜻이다.

우리가 취약도 분석에서 당연하다고 여기고 사용하는 정규분포가 가장 완벽하고 정확하다는 것이 아니다. 그리고 위에 유용한 4가지 성질이 없다고 해서 확률론적 분석을 못하는 것도 아니다. 정규분포외 다른 분포를 사용하면 더 정확히 할 수 있는 것도 많다. 다만, 주어진 환경속에서 우리는 효율적인 선택을 연속적으로 한 것일 뿐이다. 토건 구조물을 평가할 때 아무리 애를 써도 전자(Electronic)나 기계(Mechanical) 혹은 핵(Nuclear)물리학과 같이 현상을 다루는 분야처럼 정밀하게 할 수가 없다. 그건 설계 대비 안전여유도가 포함되고 현장시공조건과 연계되는 불확실성이 많은 분야의 특성이 반영되었기 때문이다. 목표로 하는 정확성만 도달할 수 있다면 굳이 더 복잡한 확률분포를 사용해서 문제를 어렵게 만들 필요가 없다는 것이다. 그리고 되도록 분야의 기술적 장벽을 낮춰 계산기를 이용한 간단한 계산으로 결과를 도출할 수 있다면 너무나 좋지 않겠는가? 즉, 요즘말로 엔지니어링 가성비가 짱일 것이다. 연구는 진리를 탐구한다면 엔지니어링은 목적에 충족한 효율성을 선택한다. 각자의 역할과 분야가 있는 법이다. 엔지니어링의 결과가 최종 성과물이라고 해도 반드시 앞선 연구 과정이 있었음을 기억하고, 연계되는 전체과정을 이해하도록 노력하자.

우리가 공부하는 방법론이 유일무일한 것도 아니고 완벽한 것도 아니다. 지각 있으신 선배 연구자, 엔지니어들의 효율적인 선택이고 우리는 그걸 배우는 것이다. 그래서 굳이 다 알 필요는 없다. 사실 사용자의 입장에서는 설명서 잘 읽고 잘 사용하면 그만이다. 그러나 그 선택이 어떤 선택이었는지 그 선택에는 어떤 배경이 있었는지 이해하려는 노력이 있다면 동일한 업무도 좀 더 재미있게 할 수 있지 않을까 생각해 본다.

미국 등 기술 선진국의 숙련된 엔지니어 등과 협업을 하다 보면 일반적인 경우에는 우리나라 기술자들이 전혀 밀리지 않는다. 아니~! 오히려 소프트웨어 활용이나 성과물의 생산성 측면에서는 서구 기술자들을 압도하는 경우가 많다. 그러나 결정적인 순간에 한계를 느낄 때가 종종 있다. 그 경우가 바로 이런 원천기술의 배경과 관련된 논의가 필요한 경우다. 이상한 예외 경우가 생기고 그들은 이론적인 배경부터 풀기 시작해서 결과를 만들어 낸다. 그리고 그 결과를 스스로 입증하고, 대내외적으로도 인정받는다. 이런 능력이 진짜 전문기의 능력이라 생각한다.

가끔 그들로부터 기술자문이나 우리 성과물에 대한 검토자문을 받을 때가 있다. 우리 성과물을 보고 오히려 그들이 물어본다. 이미 다 알고 있으면서 왜? 자문을 받냐고... 똑같은 결과물을 우리가 만들어 내도 그들보다 당당하지 못함은 아마도 원천기술에 대한 확신적 지식이 부족해서 그런 듯하다. 그런 당당하지 못함은 발주처나 실행처나 공통된 사항인듯하다. 똑같은 내용이라도 기술선진국의 자문 내용이라면 믿고 국내 실행처에서 자체적으로 수행하면 잘 믿지를 않는 국내 풍토가 있다. 필자 또한 실행처 소속으로 업무할 때가 많아 예전에는 이런 풍토를 비판할 때가 많았는데 요즘에는 비판보다는 겸손하게 수용하려고 한다. 왜? 과연 나에게는 서구 전문가들처럼 원천기술에 대한 배경지식과 자신이 있는가? 이렇게 스스로 물으면, 왠지 점점 작아지기 때문이다. 원작자의 고뇌의 시간을 어떻게 책보고 공부한 사람이 100프로 이해하겠는가?

어쩔수 없다. 그냥 겸손해게 받아들이는 것이 지혜로인 행동일 것 같다.

필자도 배우고 공부하는 입장이지만 이 책을 통해서나마 한번 미국 등 서구에서 활동하는 간지(?)나는 할아버지들을 한번 흉내 내어본다. 꼴불견이라고 생각될 수도 있지만, 그냥 그런가 보다 하고 이해해 주길 바란다. 그래도 그런 세계가 있다는걸 경험했다는 것만으로도 필자는 선택받은 엔지니어라 생각한다. 이 책을 읽는 독자도 한번쯤 그런 경험과 감정을 느껴봤으면 한다.

Chapter

05

확률론적 구조해석 기법

5.1 개요

앞서 설명이 되었지만 다시 한번 상기시키는 목적으로 다음 질문에 대해서 생각해 보기로 하자.

확률론적 구조해석의 궁극적인 목표는 무엇일까? 또는, 확률론적 구조해석을 하는 이유는 무엇일까?

"확률론적 구조해석"의 용어에서도 그 힌트를 찾을 수 있다. 질문에 대한 답을 이렇게 해봐도 좋을 것 같다. "구조해석을 통해서 확률론적 결과를 얻는 것~!" 그럼 확률론적 결과란 무엇인가? 구조해석의 결과가 결정적인 특정한 값이 아니라 확률로 주어지는 것을 확률론적 결과라 할 수 있다.

예를 들어 강재 A36의 항복강도는 우리가 익히 알고 있는 36*ksi* 이며 결정론적 특정한 값이다. 우리는 이 값을 공칭강도(Nominal Strength)라고 부른다. 공칭강도는 한자로 "公稱强度"이며, 공칭(公稱)의 뜻은 사전적 의미를 풀어쓰면 "공적으로 이름 붙인, 표준으로 인정된"이란 뜻이다. 즉, "공(公)적으로 칭(稱)하여 부르는 강도"라고 해석할 수 있다. 즉, 공적으로 우리가 약속한 값이다. 재료강도실험을 하면 강재 A36의 항복강도는 확률분포를 이루고 공칭강도는 그 확률분포안에 포함되는 한지점의 값일 것이다. 그 값으로 우리는 전체를 대표하여 공칭강도로 부르는 것이다. 이것은 일종의 기술분야의 사회적 약속이다.

A36 강재의 인장시험결과는 정규분포를 따르고 강도의 중앙값은 44*ksi*이며 표준편차는 4*ksi*라고 가정해 보자. 상기 가정사항에 따라 확률분포 및 누적확률분포를 작성할 경우 아래 그림 5-1과 같다. 그림 5-1을 살펴보면 A36 강재의 인장강도 시험을 수차례 반복적으로 수행할 경우 36*ksi*가 나올 확률은 확률분포에서 0.013(1.3%)임을 확인할 수 있고, 36*ksi* 이하가 나올 확률은 누적확률분포에서 0.023(2.3%)임을 확인할 수 있다. 누적확률분포는 확률분포를 적분하는 개념임에 따라 중앙값인 44*ksi*에서는 누적확률분포가 0.5(50%)임을 확

인할 수 있다. 그림 5-1에서 누적확률분포는 확률분포를 적분한 값이며 이것을 한번 확인해 보자.

확률분포의 전체 면적은 1이 되어야 한다. 대략적으로 한번 계산해 보기로 하자. 누적확률 1.0 즉 100%는 0.1×(56-32)÷2.4=1.0(※ 여기서, 면적을 삼각형으로 보면 2.0으로 나누어야 하나 정확한 삼각형이 아니므로 2.4로 나누어서 면적을 1.0으로 맞춤)과 같이 계산할 수 있다. 누적확률 0.5는 다음과 같이 0.1×(44-32)÷2.4=0.5계산할 수 있다.

그림 5-2는 그림 5-1의 자료에서 확률분포만 별도로 작성한 그림이다. 우리가 알고 있는 공칭항복강도 36*ksi*은 그림 5-2에 표시되어 있다. 무작위로 시험할 경우 공칭강도 이하의 강도를 얻을 수 있는 확률은 2.3%(누적확률)가 될 것이다.

제목 A36 강재의 항복강도분포
중앙값 44ksi
표준편차 4ksi

강도	확률분포	누적확률분포
24	0.000	0.000
28	0.000	0.000
32	0.001	0.001
36	0.013	0.023
40	0.060	0.159
44	0.100	0.500
48	0.060	0.841
52	0.013	0.977
56	0.001	0.999
60	0.000	1.000
64	0.000	1.000

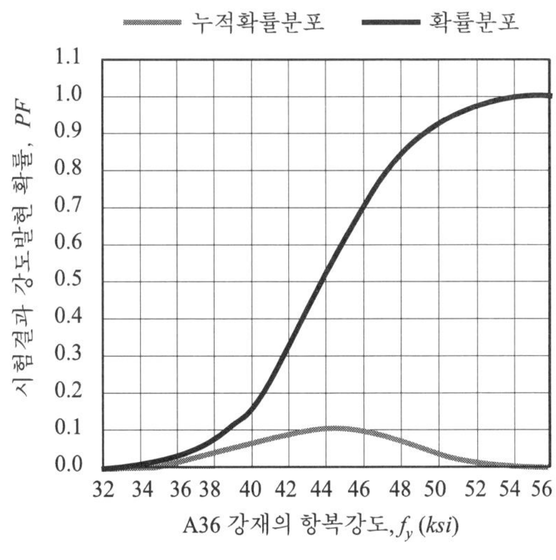

그림 5-1 A36 강재의 항복강도 확률분포

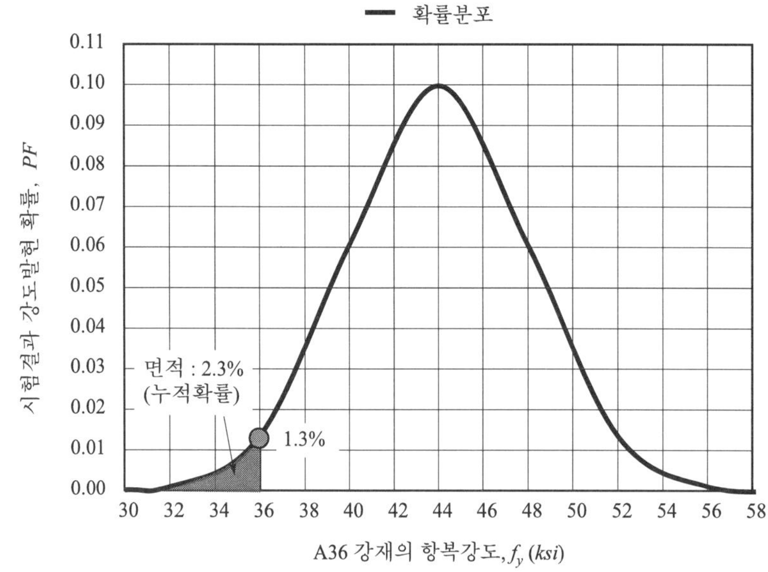

그림 5-2 A36 강재의 항복강도 확률분포 및 누적확률

그럼, 공칭강도는 어떻게 결정되는가?

위에서 말한 공칭강도 이하로 결과값이 도출될 확률이 2.3%라는 것은 우리가 A36 강재를 임으로 골랐을 때 97.7%(=100%-2.3%)의 확률로 공칭강도 36*ksi*를 초과하는 결과를 얻을 수 있다는 뜻이다. 이것을 우리는 97.7% 초과확률이라 하고 97.7% EP(Exceedance Probability)라고 표기한다. 재료에 대해서는 우리가 얼마만큼 믿을 수 있느냐가 중요하기 때문에 재료성질에 대한 확률은 EP로 표현한다. 좀 더 직접적으로 말하면 재료는 외부하중에 저항하는 성능과 관계가 있기 때문에 상대적으로 작게 고려하면 안전측이 된다. 반면에 하중은 상대적으로 크게 고려하는 것이 안전측 검토임에 따라 하중은 비초과확률(NEP, Not Exceedance Probability)로 표현한다.

EP나 NEP나 통일하면 좋을 것을 왜 헷갈리게 2개로 구분할까? 설계나 분석이나 모두 다 최종 목표는 구조물의 안전성 확보이다. 따라서, 재료성능이나 하중 모두 안전측 고려가 필요하다. 이를 위해 재료성능은 되도록이면 작게, 하중은 되도록이면 크게 적용 되었음을 생각하면 이해가 쉬울 것 같다. 즉, 보다 관심이 있는 부분을 강조하는 것이다.

예를 들어 그림 5-3에서 보이는 바와 같이 재료강도 95% EP라는 의미는 재료강도시험을 100번 해보면 최소 95번은 내가 적용한 강도보다 실제강도가 크다는 뜻이고, 하중 84% NEP라는 의미는 실제로 100번 하중이 발생할 경우 최소 84번은 내가 분석에 적용한 하중보다 작은 하중이라는 의미이다.

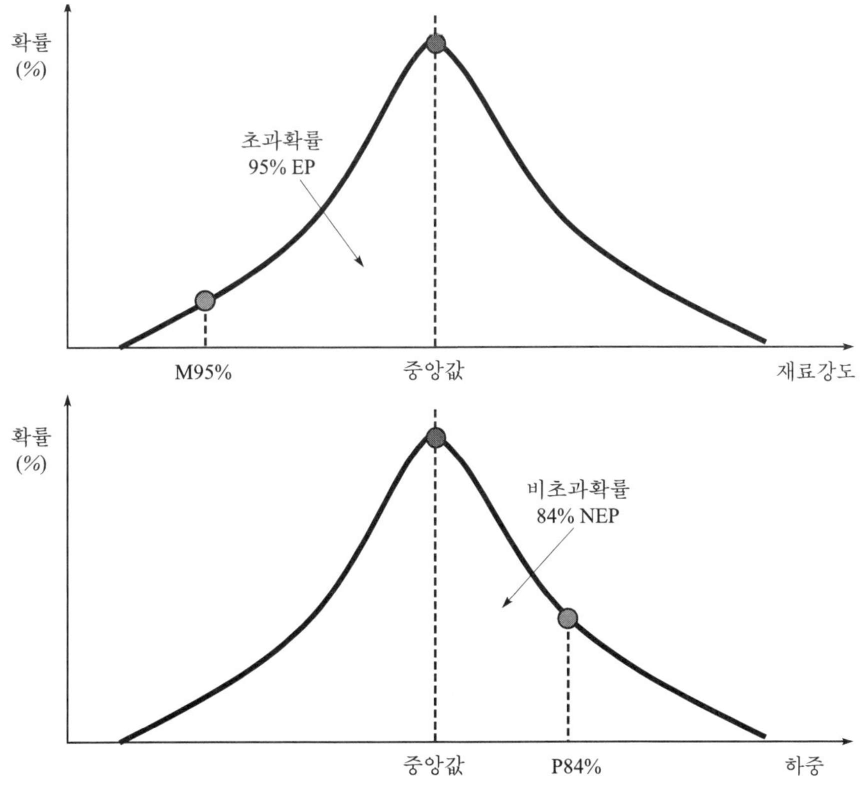

그림 5-3 초과확률(EP) 및 비초과확률(NEP) 설명

다시 재료의 EP로 돌아가서, 재료 성질을 얼마만큼 낮게 평가할 것인가를 나타내는 것이 신뢰도지수(Reliability Index, β)이다. 신뢰도지수를 실제 계산하는 과정은 아주 복잡하기 때문에 여기서는 기초적인 개념만 소개하고자 한다. 보다 구체적인 내용을 알고 싶은 경우 별도의 자료를 참조하기 바란다.

공칭강도 및 극한강도 등은 일반적으로 설계에 사용된다. 즉, 확률분포상에서 결정적인 값(공칭강도 및 극한강도 등)을 사용하기 때문에 우리는 설계를 결정론적 방법(Deterministic Method)이라고도 한다.

당초 질문으로 다시 돌아가서, 그럼 확률론적 A36 강재의 강도는 무엇이라 말할 것인가? 그렇다, 확률론적 개념으로는 A36 강재의 강도는 그림 5-2의 확률분포 그 자체가 A36 강재의 강도인 것이다. 그래서 확률론적 결과가 결정론적 결과를 포괄한다고 할 수 있다.

그럼, A36 강재 재료를 왜 확률로 표현해야 하는가? 그렇다! 분석의 목표가 확률을 도출하는 것이기 때문이다. 위험도분석을 통해 특정한 연간 설계초과확률을 가진 하중이 작용할 때 구조물의 파손확률이 얼마인가? 이런 경우 우리의 경제적 리스크는 얼마 증가하고? 생명적 리스크는 얼마가 증가하고? 그래서 결론이 안전하다! 혹은 위험하니 추가 안전장치가 필요하다! 등의 확률론적 인사이트(Insight)를 얻는 것이 위험도분석의 핵심사항이기 때문이다. 즉, 위험도분석에서 결과가 확률로 표현되기 때문에 구조물의 성능도 확률로 반드시 표현되어야 하는 것이다. 이러한 목적으로 확률론적 분석이 수행되는 것이다.

다시 한번 정리하면,

(1) 확률론적 분석은 위험도분석을 위해 필요한 분석임
(2) 위험도분석의 결과는 확률임
(3) 확률이 결과라는 말은 결과가 특정한 값이 아니라 확률분포 자체가 결과라는 뜻임
(4) 확률적 결과를 통해 우리는 구조물의 안전성에 대한 인사이트를 얻을수 있음

5.2 확률론적 구조해석 기법의 종류

A36 강재의 항복강도를 통해 확률론적 분석의 개념 및 수행이유 그리고 결과의 형태인지 등에 대해서 알아보았다.

그럼 구체적으로 확률분포를 얻기 위해서는 어떻게 해야 하는가? 그림 5-1의 위쪽을 한번 보자. "중앙값"과 "표준편차"라는 2개의 단어가 보일 것이다. A36 강재 항복강도의 확률분포를 작성하기 위해 필요한 값은 딱 2개이다. 항복강도(즉, 확률변수)의 중앙값과 표준편차이다(※ 확률분포는 정규분포, 표준정규분포, 대수정규분포임).

아래 소개될 3가지 확률론적 구조해석의 방법론 모두 다 결과적으로 구조물의 성능 중앙값과 성능의 표준편차(또는 불확실성)을 구하는 방법론인 것임을 반드시 기억하길 바란다. 왜? 중앙값과 표준편차만 구하면 확률분포를 작성할 수 있기 때문이다.

(1) 랜덤샘플링법(Random Sampling Method)
(2) 변수분리법(Separation of Variables, SOV)
(3) 결정론적 파손내력법을 이용한 하이브리드법(CDFM Hybrid)

위의 (1)~(3)의 방법론 모두 구조해석 결과로 부터 얻을 수 있는 확률분포의 중앙값과 표준편차를 구하는 동일한 목표는 있으나 목표에 접근하는 구체적인 방법이 서로 다르다. 각 방법론의 특징은 아래에서 설명 하고자 한다.

(1) 랜덤샘플링법(Random Sampling Method)

랜덤샘플링법은 가장 원초적이고 확률론적 개념에 충실한 방법이지만 결과를 얻기 위한 해석량이 상대적으로 많고 노력과 비용이 많이든다. 랜덤샘플링법에서는 일단 여러 독립변수에 대해서 랜덤샘플링을 실시하여 독립변수의 세트를 다수로 만든다(예 : 30개 세트 등). 이후 그림 5-4와 같이 샘플링된 독립변수의 세트에 따라 각각 구조해석을 실시하고 독립변수의 세트와 동일한 수의 결과를 구한다. 구조해석 결과의 점분포(Discrete Distribution)를 작성하고, 점분포된 결과들을 가장 잘 표현할 수 있는 확률분포(Log-normal, Gaussian, Gamma, Gumbel, Weibull 등)을 결정한다. 이후 결정된 확률분포를 통해 여러가지 확률분석을 실시한다.

확률분포가 대수정규분포라 가정할 경우 분포의 중앙값과 불확실성을 계산한다. 확률분포가 대수정규분포인 경우 실무적으로는 중앙값은 평균값을, 불확실성은 대수표준편차를 계산하여 대체 사용하면 된다. 결과는 독립변수의 상호연관성이 반영된 것으로 현실을 가장 잘 모사한 방법론이나 각 독립변수가 결과에 미치는 영향을 개별적으로 분리하는 것은 불가능하다. 전체 독립변수가 연관된 최종결과만 알 수 있으므로 엔지니어링 실용성은 다소 결여될 수 있다. 따라서, 연구목적이나 최종 결과물의 검증 등을 위한 목적으로 많이 활용된다.

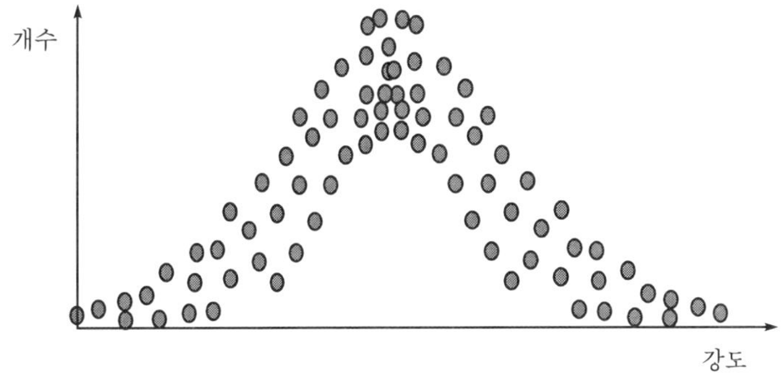

(a) 랜덤샘플링 세트의 해석결과 점분포 작성

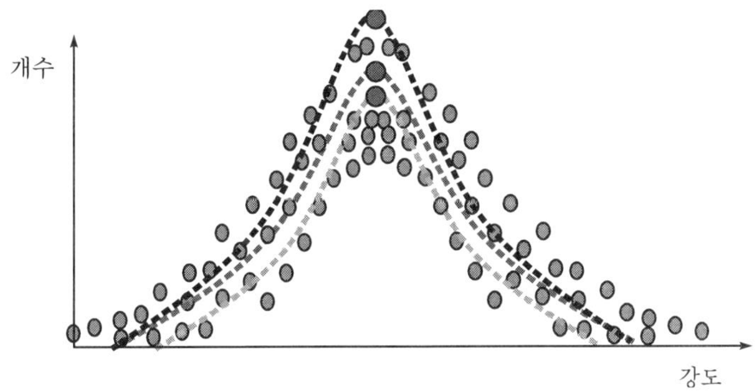

(b) 적합한 확률분포 비교 분석

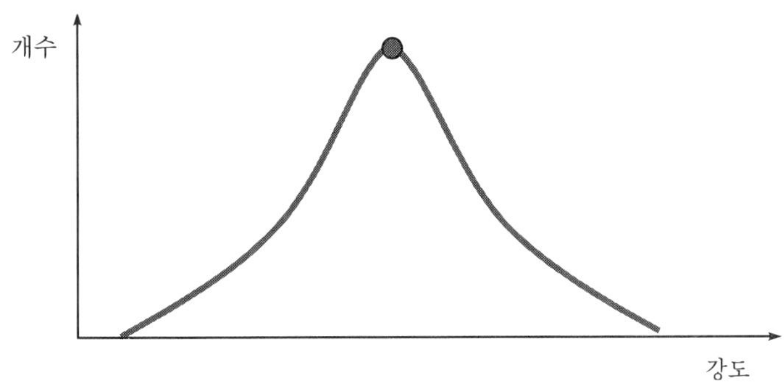

(c) 확률분포 결정

그림 5-4 랜던샘플링법의 확률분포 결정 과정

표 5-1 램덤샘플링법 분석과정

단계	설명
1	구조해석의 독립변수 각각에 대해서 램던샘플링 실시 다수의 독립변수 세트(예 : 30세트) 설정
2	각 독립변수 세트에 대한 해석결과를 각각 도출 (독립변수 30세트 → 해석결과 30개)
3	도출된 해석결과를 이용하여 확률분포 작성 (30개의 해석결과의 확률분포 작성, 점분포 도표 → 점분포의 경향을 따르는 적절한 확률분포 결정)
4	작성된 확률분포에서 중앙값과 변동성 계산 (※ 확률분포가 대수정규분포일 경우)

(2) 변수분리법(Separation of Variables, SOV)

변수분리법은 랜덤샘플링법을 절차를 간소화하여 좀 더 편리하게 고안한 방법론이다. 램덤샘플링과의 가장 핵심적인 차이점은 과거 유사한 분석 결과를 참조하여 확률분포를 대수정규분포로 결정된 상태에서부터 분석을 시작한다는 것이다. 그렇기 때문에 램덤샘플링에서 가장 많은 노력이 필요되는 그림 5-4의 확률분포 결정 과정이 생략된다. 확률분포가 대수정규분포로 이미 결정되었기 때문에 30세트 등의 해석 결과가 필요하지 않고 중앙값(Median)과 상한값(Upper Bound Value) 혹은 중앙값(Median)과 하한값(Upper Bound Value) 2가지 해석결과만 있으면 확률분포를 작성할 수 있다. 구체적인 작성방법은 이 책의 4장 내용을 다시 한번 살펴보면 이해에 도움이 될 것 같다.

변수분리법에서는 각 변수들을 완전독립으로 가정을 하고, 상한값과 하한값에 대해서는 특정한 초과확률 혹은 비초과확률을 정의하게 된다. 예를 들어 95% EP에 해당하는 값을 하한값으로 볼 수 있는 것이다. 확률분포은 대수정규분포에서 중앙값과 상한값 혹은 중앙값과 하한값 상호간에 이격되는 폭을 불확실성(혹은 표준편차)으로 표현한다. 이러한 단순화로 인해 랜덤샘플링과 비교하여 해석량이 대폭 줄어들고 해석 결과도 비교적 정확하여 가성비가 좋은 방법론이라 할 수 있다.

위에 설명된 내용을 다시 자세히 풀어 설명하고자 한다.

랜덤샘플링법과 변수분리법의 공통점은 확률분포의 중앙값을 직접계산하고 확률변수에 따른 해석결과의 변동성을 분석하는 것이다. 두 가지 분석방법의 가정 큰 차이점은 중앙값과 불확실성을 계산하는 방법이다.

랜덤샘플링은 복수의 해석결과를 이용하여 해석결과들의 중앙값과 불확실성을 구한다. 여기서 주의해야 할 점은 해석결과들의 분포는 다양한 확률분포를 따를 수 있다는 것이다. 꼭 정규분포(혹은 대수정규분포)가 아닐 수도 있다는 것이다. 하지만, 일반적으로 구조해석에서는 정규분포를 사용할 경우 비교적 매칭(Matching)이 잘 되기 때문에 정규분포를 이용하여 불확실성을 계산하는 경우가 많을 뿐이다.

반면, 변수분리법은 처음부터 확률분포를 정의하여 시작하고, 비교적 대수정규분포를 많이 사용한다. 변수분리법에서는 해석결과를 통해 확률분포를 정의하는 것이 아니고 처음부터 결정된 확률분포를 사용하기 때문에 다수의 해석결과가 필요하지 않다. 필요한 해석결과는 중앙값, 상한값 혹은 하한값 딱 2개만 있으면 된다. 중앙값과 추가 결과값 1개만 있으면 대수정규분포 함수식을 통해 불확실성을 계산할 수 있기 때문이다(4장 참조).

변수분리법의 분석과정은 표 5-2에 예시로 표현되어 있다. 아래 설명과 함께 표 5-2를 읽으면 이해가 쉬울 것이라 생각된다. 구조해석과 관련된 독립변수 모두가 중앙값(재료성질 등의 중앙값)으로 세팅된 성능 중앙값(부재력 등의 중앙값)을 우선 계산한다. 이후 독립변수를 하나씩 95% EP 등에 해당하는 하한값으로 변경하여 계산을 반복한다. 독립변수가 만약 3개라면 중앙값 1세트, 각 독립변수가 95% EP로 적용한 독립변수별 하한값 세트 3개가 필요하다. 중앙값의 결과와 각 독립변수를 95% EP로 변동시킨 결과를 비교하여 해당 독립변수에 의한 결과의 변동성을 계산한다.

이상의 방법으로 변수분리법을 이용하면 각 독립변수의 영향을 분리할 수 있는 장점이 있으며, 확률론적 구조해석과 독립변수 상호 관계에 대한 인사이트(Insight)를 얻을 수 있다. 그 외 추가적으로 경제성 분석 등을 용이하게 하는 이점도 있다.

표 5-2 변수분리법 분석과정

단계	설명
1	확률분포는 대수정규분포로 결정
2	결정된 확률분포에 따라 구조해석의 모든 독립변수의 중앙값과 하한값(혹은 상한값) 도출 (독립변수 : A, B, C인 경우) **[독립변수별 확률표현]** A50% → 독립변수 A에 대해서 50% EP에 해당하는 값 A95% → 독립변수 A에 대해서 95% EP에 해당하는 값
3	각 CASE에 대해서 해석결과 도출 Median → A50% & B50% & C50% CASE 1 → **A95%** & B50% & C50% (A의 변동이 Median에 미치는 영향) CASE 2 → A50% & **B95%** & C50% (B의 변동이 Median에 미치는 영향) CASE 3 → A50% & B50% & **C95%** (C의 변동이 Median에 미치는 영향) 해석수 = 메디안 Case + 독립변수 Case 독립변수 3개일 경우 총 해석수는 4임
4	메디안과 각 CASE를 비교하여 각 독립변수의 불확실성 분석 실시 A의 불확실성 → Median vs CASE 1 B의 불확실성 → Median vs CASE 2 C의 불확실성 → Median vs CASE 3 A, B, C의 복합불확실성 → A, B, C 불확실성의 조합(예 : SRSS)
5	Median 및 복합불확실성 → 취약도 곡선 완료

(3) 결정론적 파손내력법을 이용한 하이브리드법 (CDFM Hybrid)

하이브리드법은 무엇인가? 개인적으론 (3)이 엔지니어링 목적에는 가장 적합한 도구가 아닌지 생각한다. 이유는 하이브리드법이 가장 효율적이고 실무 적용성이 매우 우수하기 때문이다. 또한, 기본적으로 설계에 대한 신뢰를 바탕으로 진행하는 방식이기 때문에 설계와 일관성도 유지할 수 있어 설계검증이 확실한 경우에는 아주 효율적이고 비용과 시간도 많이 줄일수 있는 획기적인 방법이라고 생각한다. 그리고 결정적으로 가장 쉽다. 물론 확률론적 개념과 정밀도에서는 랜덤샘플링 및 변수분리법과 비교하여 차이는 있지만 엔지니어링 목적을 충족하기에는 부족함이 없는 방법이라고 생각한다.

하이브리드법에서는 설계에서 사용한 재료강도, 정역학적 수식, 모델링 등을 그대로 활용하여 고신뢰도저파손확률(*HCLPF*, High Confidence of Low Probability of Failure)을 우선 계산한다. 이후 경험자료에 의한 불확실성(표준편차)를 이용하여 역(Inverse)으로 중앙값을 추정 계산한다.

하이브리드 방법이 적용되기 위해서는 많은 경험자료가 축적되어 유의미한 통계자료가 확보되어야 한다. 즉, 확보된 통계자료를 통해 중앙값과 *HCLPF*값의 일반적인 관계를 알고 있으면 중앙값을 추정할 수 있기 때문이다.

설계자료 → *HCLPF* 계산 → 통계자료에 의한 β→ 중앙값

하이브리드법의 특징은 변수분리법과 마찬가지로 확률분포를 대수정규분포로 결정된 상태에서 수행하고, 한단계 더 나아가 불확실성 분석을 수행하지 않고, 경험자료를 통해 얻은 Generic 불확실성(β)을 사용한다는 점이다. 따라서 하이브

리드법은 재료강도 및 각종 자료의 확률분포를 알 수 없는 경우에도 설계자료만 이용하여 확률론적 분석이 가능하여 시간과 비용을 줄일 수 있는 효율적인 방법론이다. 다만, Generic 불확실성 자체가 일반적인 경우를 포괄하는 안전측 결과임에 따라 불확실성 분석을 직접 수행하는 랜덤샘플링법이나 변수분리법과 비교하여 다소 안전측 결과를 주는 경향이 있음을 이해할 필요가 있다.

참고로 일반적인 위험도분석 프로젝트에서는 다수의 구조물을 복합적으로 고려해야 할 경우가 많다. 이럴 경우에는 분석의 효율을 증대시키기 위한 목적으로 전체 구조물을 대상으로 하이브리드법을 적용하여 1차 분석을 수행한다. 1차 분석 완료 후 우수한 성능을 보여 위험도에 영향을 주지 않는다고 판단되는 구조물은 선별제거(Screen Out, S/O)하고, 상대적으로 성능이 낮아 위험도에 영향이 크며 이로인해 상세분석이 필요하다고 판단되는 대상에 대해서는 변수분리법을 적용하여 2차 분석을 수행한다. 물론 경우에 따라 처음부터 변수분리법 혹은 랜덤샘플링법을 적용하는 경우도 있으나 이런 경우는 표준화 기술개발이라든지, 데이터베이스 확보 혹은 발주자의 품질 요구사항에 의한 것 등의 특수사항이 있는 경우가 대부분이다.

표 5-3 하이브리드법 분석과정

단계	설명
1	*HCLPF* 계산 (아래 1-1, 1-2, 1-3 참조)
1-1	설계재료강도 및 설계계산식 재분석 → 강도계수(SF, Strength Factor) 도출
1-2	비탄성에너지흡수계수(F_μ, Inelastic Energy Absorption Factor) 적용
1-3	*HCLPF* = 강도계수(SF) × 비탄성에너지흡수계수(F_μ)
2	불확실성(β_c)의 문헌값 적용
3	단계 1-3의 *HCLPF*값과 단계 2의 불확실성 활용 → 중앙값 추정
4	단계 3의 중앙값, 단계 2의 불확실성 활용 → 확률분포 및 취약도 곡선 작성

[쉬어가는 코너]

지금 쉬어가는 코너를 읽고 있다는 것은 굉장히 지루하고 힘든 시간을 묵묵히 이겨내며 이론 부분을 읽었다는 의미로 해석되기에 필자는 감사한 마음과 함께 대단하다고 칭찬하고 싶다. 조금만 더 힘내자.

쉬어 가자는 의미로 개인적 이야기를 좀 하고자 한다.

필자가 처음 글을 쓰기 시작할 때 중요한 목표가 있었다. 필자가 처음 확률론적 구조해석 및 취약도 분석 업무를 접했을 때를 상기해 본다. 아무리 참고문서를 읽고 읽어도 근본적으로 왜 이렇게 하는지 도무지 이해가 되지 않아 힘들었다. 그런데, 결국 답은 각종 참고문서 등에 이미 다 기록되어 있었고, 내가 그걸 읽어 이해 할 능력이 없었다는 것을 추후에 알게 되었다. 경력 혹은 경험이 모자라서, 아직 학습이 덜되어서 등 여러가지 이유가 있을 것이다.

대부분의 기술문서는 함축적으로 이론을 전개해 가기 때문에 하나의 기술을 습득하기 위해선 관련된 많은 문서를 참조해야 할 경우가 많다. 그리고 기술문서 자체가 사실과 현상만을 설명하는 문서이므로 우리가 입체적으로 이해할 수 있게 설명되어 있지 않다. 소위 말하는 “행간의 의미”는 스스로 찾아야 되는데 이게 쉽게 찾아지는 것은 아닌 것 같다. 정답이 없기 때문이다.

뭔가 풀어서 설명해 주는 자료가 없을 경우 사실 그 기술을 이해하기란 한계가 있을 것 같다. 그래서 그 함축적인 말을 최대한 쉽고 넓게 풀어서 설명하여 대학만 졸업한 엔지니어가 읽어도 이해할 수준으로 책을 쓰자라는게 중요한 목표였다. 그래서 언급된 이론 사항들의 행간의 의미를 나름 풀어서 설명하려고 노력하였다. 물론 필자가 설명하는 것이 정답이라고는 생각하지 않는다. 더 나은 설명도 많겠지만, 지금까지 설명된 자료가 없었기에 누군가 설명해준다면 좋지 않을까 생각했던 것이다. 특히, 초심자에게는 너무나 필요한 도움이지 않을까 생각하였다.

하지만, 복잡한 기술사항을 입체적으로 한번에 설명하려고 하니 말이 많이 꼬이고, 나름 쉽게 정리한다고 했어도 쓰고나서 읽어보면 너무 어렵지 않을까? 라는 생각도 많이 들었다. 그리고 간단한 배경도 그 이면에 수많은 이야기들이 있으므로 필자의 의도대로 마냥 쉽게 쓰기는 힘들겠다라는 생각을 하였다. 혹시 읽다가 부족한 부분이 있더라도 이해해 주길 바란다. 부족하나마 집중해서 자세히 읽어보면 독자의 이해도와 필자의 이해도가 일치하는 지점을 분명 발견할 수 있지 않을까 생각해 본다. 그리고 비록 한두 부분이라도 본인이 모르는 부분에 대해서 새로운 이해를 찾으면 그걸로써 충분한 가치가 있는 노력이라 생각한다.

대부분은 중 고등학교 학생들이 수학을 유독 어려워한단다. 그런데 어떤 아이는 수학을 가장 쉽다고 한다. 고2, 고3의 수학에 나오는 간단한 미분방정식문제 하나를 풀려고 하면 분수 더하기 빼기, 함수의 정의, 통분, 최대공약수, 최소공배수, 괄호식, 수식전개, 미분, 적분 등 관련된 모든 내용을 알아야 하고 앞에 언급된 사항은 초등학교 4 ~ 5학년 때부터 배워서 쌓이는 것이기 때문에 기초 없이 바로 미적분을 푸는건 사실 미적분을 이해하지 못하고 그냥 기계식으로 문제를 풀어내는 것이기 때문에 당연히 어려울수 밖에 없을 것이다. 퇴근후 초등학교 5학년인 아들 녀석의 수학공부를 가끔 도와주고 있는데, 아들과 함께 개념을 보면서 간단한 사실들이 모여서 나중에 고2, 고3 때 푸는 문제들의 기초가 된다는 사실을 최근에 느낄수 있었다. 물론 필자도 초등학교때 그냥 아무 생각없이 최대공약수, 최소공배수 계산했던 것 같다.
이런걸 박사학위 받고 13년 지나 40대 중반되어 느끼다니... 33년 전에 느꼈으면 훨씬 좋았을 것 같은데.. 왠지 아쉬움이 느껴졌다.

확률론적 분석에 있어서도 필자도 어느 순간 내 자신이 그러고 있지 않나? 라는 반문이 들었다. 그냥 계산 방법 배워서 숫자 바꿔 넣어 계산서 쓰고, 표준 기술문서에서 있는 설명 읽고 그런가 보다 하고 적당히 아는 척하는 것보다 진짜 한번 근본 기술을 알고 싶은 생각이 들었다. 그래서 시간이 걸려도 기술문서 행간의 의미를 많이 생각해 봤고, 출퇴근길 기차안에서 또는 퇴근후 집 거실 식탁에서 늦은 밤중이라도 생각한 것들을 메모식으로 정리하였으며, 반복적으로 생각하며 정리해 둔 메모들을 수정하였다. 메모가 쌓이다 보니 어느 순간 책이 되어 버렸다.

우리 모두 다 똑같은 배우는 사람이다. 단지 조금 일찍 접하고 늦게 접할 뿐이다. 그러니 도우며 함께 성장해 나가면 재밌지 않을까 생각해 본다.

이제, 앞에 이론 내용을 바탕으로 6장과 7장에서 간단한 예제를 풀어보고, 8장에서는 확률론적 구조해석을 응용한 확률론적 구조안전성평가 및 경제성 분석을 예시와 함께 살펴보고자 한다.

예시를 통해 문제를 이해해 유사하게 분석을 수행할 수도 있지만 이런 형태는 마치 대학시절에 시험에 앞서 연습문제만 풀어 패턴에 따라 숫자를 대입해 문제를 푸는 것과 동일하다. 이러한 형태는 필자가 가장 말리고 싶은 방법이고 만약 이 책이 그런 수단으로 활용 된다면 필자는 차라리 이 책을 쓰지 않았으면 하는 마음이 들 것 같다.

그런 형태는 엔지니어의 실력 향상과 업계의 기술력 증진에 전혀 도움이 되지 않기 때문이다. 부디 필자의 마음을 이해해 이론 부분을 여러번 읽고 이해하고 그 이해를 확인하는 수단으로 예제를 활용하길 바란다. 또한, 이 책을 중요 기술문서를 이해하기 위한 보조수단으로 사용하고 기술문서(특히 원서)를 많이 읽고 익히도록 노력하자. 원서의 경우 영문으로 되어 있어 읽기 난해하다. 그래도 원문 그대로 읽도록 노력했으면 좋겠다. 번역본은 반드시 번역하는 과정에서 일부 내용이 누락되기 때문이다. 기술 습득을 위해서는 선순환 방식으로 접근하길 바란다. 그게 당장은 느리지만 결국 가장 빠른 길임을 잊지 말자.

재미로 읽는 취약도 분석 방법론에 대한 비유적 비교

한가지 개인적 습관을 소개하고자 한다. 우숫갯소리로 들릴 수도 있겠지만 필자는 공학적 현상이나 이론을 이해하고 설명할 때 일상생활과 비유하곤 한다. 품격은 다소 떨어질 수 있겠지만 직관적이므로 이해하기 쉽기 때문이다.

위에 각 방법론을 저녁식사를 준비하는 것과 비유하여 이해해 보기로 하자. 재미 없다면 그냥 넘어가는 걸로 하자!

랜덤샘플링법의 예시

- 농사를 짓고 탈곡하여 가마솥으로 밥을 짓고, 밭에서 직접 수확한 채소를 이용해 반찬을 만드는 경우
- 특징 : 품질 최고, 맛 최고, 영양 최고, 시간 오래 걸리고, 비용 많이 듬
- 적용 : 정말 필요한 경우에만 사용함
- 실무 : 기술개발 등의 연구분야에 주로 사용
- 장단점 : 가장 정밀하나 현장 적용성이 떨어짐

변수분리법의 예시

- 마트에서 햇쌀을 사다가 압력밥솥에 밥을 짓고, 좋은 식자재를 마트에서 구매하여 반찬을 만드는 경우임(즉, 농사짓는 생산 과정이 생략됨)
- 특징 : 품질 좋음, 맛 좋음, 시간 적당히 걸리고, 비용 적당히 듬
- 적용 : 미식가(전문가)가 아닌 이상 사실 맛 차이 잘 모름
- 실무 : 엔지니어링 및 기술개발에 사용함
- 장단점 : 랜덤샘플링법과 비교해 정밀성은 약간 떨어지나 그래도 엔지니어링 관점에서는 충분한 정밀도를 가지며, 현장 적용성은 랜덤샘플링법과 비교해 대폭 개선됨. 불확실성 분석을 수행해야 하므로, 대학교육 수준의 엔지니지어가 수행하기에는 좀 어려울 수 있음

하이브리드방법의 예시

- 햇반과 밀키트를 구매해 조리하는 경우
  (농사 안짓고, 쌀도 사러가지 않음, 포장 뜯어서 물넣고 조리만 하면 끝)
- 특징 : 맛 괜찮음, 요리 잘 못해도 저녁 준비 가능, 시간 및

비용은 최고

- 적용 : 감동할 정도는 아니지만 그런대로 맛있고, 배부름
- 실무 : 엔지니어링 분야
- 장단점 : 랜덤샘플링법과 변수분리법과 비교해 다소 보수적 결과를 주지만 현장 적용성이 아주 우수함. 재료성질 등의 원본자료(Raw Data)를 얻을 수 없는 경우에는 아주 효과적인 방법임. 대학교육 수준의 엔니지어가 약간의 개념교육만 받으면 충분히 수행할 수 있음

Chapter

06

확률론적 구조해석 예제 1

강봉의 항복파손

앞에서 설명한 확률론적 구조해석의 구체적인 예시를 통해 보다 이해도를 높여 보고자 한다. 방법론의 적용과 관련된 이해를 위해서 최대한 간단한 예제를 풀어보고자 한다. 예제는 총 2개가 준비되어 있다. 첫 번째 예시는 강봉 2개로 구성되어 있는 구조체의 인장 항복하중과 관련된 예제이며, 두 번째 예제는 단철근 직사각형 콘크리트보의 휨강도와 관련된 예제이며 7장에서 소개된다. 각각의 예제는 랜덤샘플링, 변수분리법, 결정론적파손내력법에 의해 분석되었으며 결과를 서로 비교하였다.

실무 현장에서 대면하는 상황은 보다 복잡한 상황이 많다. 엔지니어링에 있어서 어려운 것과 복잡한 것은 좀 다르다. 복잡한 문제는 해석소프트웨어나 자동화 프로그램, 엑셀 등을 이용해서 풀면 된다. 그런데, 복잡하지는 않더라도 어려운 문제들이 있는 법이다. 이때는 상황을 단순화하여 문제의 핵심을 먼저 이해하고 이론과 방법론을 적용하여 분석한 후 동일한 원칙을 확대해 나가면서 문제를 해결해 나가면 된다. 그런 원리를 생각하며 예제를 확인하고, 가능하다면 직접 문제를 풀어봐서 동일한 답이 나오는지 꼭 확인하길 바란다. 반복 계산이 필요함에 따라 필자는 엑셀자동계산과 엑셀내장함수를 적용하여 문제를 풀었다. 풀이 중간중간에 사용한 엑셀 내장함수를 적어두었으며 독자로 하여금 다시 풀어 확인할 수 있도록 가능한 결과표 전체를 수록 하였으니 도움이 되었음 한다.

6.1 문제설명

그림 6-1과 같이 D10, D13 강봉이 수직으로 배치되어 있고, 강봉의 끝은 철판으로 고정되어 있다. 아래 방향으로 수직하중 P가 작용하고 있는 상황이다. D10과 D13의 직경은 각각 10mm, 13mm이다. 하중(P) 작용시 발생하는 변위(δ)는 D10과 D13가 설치된 위치에서 동일한 것으로 가정하며, 강봉을 고정한 철판은 강체(Rigid)로 가정한다. 재료는 편의상 ASTM A615로 동일하게 가정하고 재료인장시험결과는 표 6-1에서 제시된 값을 활용하기로 하였다. 강봉의 재료항복강도에 대한 확률분포는 정규분포로 가정한다.

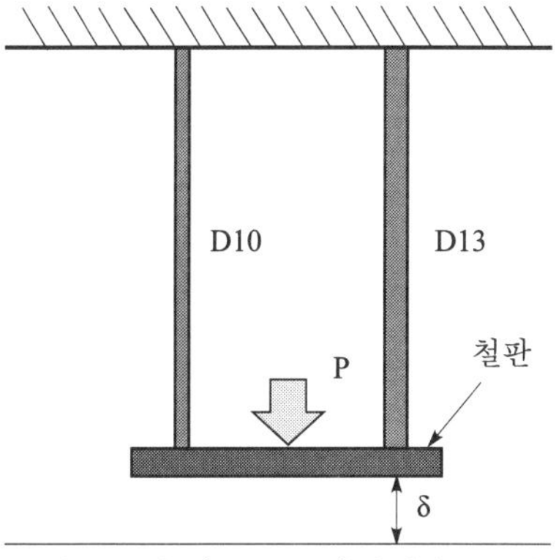

그림 6-1 강봉(D10, D13)의 인장 구조계

표 6-1 강봉의 인장시험결과

강봉		D10	D13
단면적(mm^2)		78.54	132.73
시험결과항복 강도(MPa)	평균	486.18	490.48
	표준편차	17.12	15.93
설계기준 항복강도(MPa)		413.69	413.69

Q1. D10, D13의 강봉으로 구성된 구조계의 항복파손에 대한 취약도 곡선(Fragility Curve)을 작성하시오.

Q2. 구조계에서 항복파손확률 1%에 해당하는 하중은 얼마인가?

Q3. 구조계에서 항복파손확률 50%에 해당하는 하중은 얼마인가?

6.2 랜덤샘플링법 활용 풀이

[분석순서요약]

(1) 강봉 D10과 D13의 항복강도에 대한 정규분포를 작성한다.

(2) (1)에서 작성된 확률분포에서 강봉 D10과 D13의 항복강도를 각각 랜덤샘플링 한다. 샘플링은 최소 30개 이상을

하도록 한다.

※ 랜덤샘플링하는 기법에는 몬테카를로 시뮬레이션(Monte Carlo Simulation), 라틴하이퍼큐브(Latin Hypercube Sampling, LHS)등이 있다. 이 예제에서는 Excel 프로그램에 내장되어 있는 Rand() 함수를 활용하여 샘플링 하기로 한다.

(3) 샘플링된 항복강도를 활용하여 구조계의 항복하중을 반복하여 계산한다.

(4) 계산이 완료된 샘플 30세트의 항복하중은 정규분포를 따르며, 결과값의 평균과 표준편차 및 변동계수(*COV*)를 계산한다.

(5) (4)에서 계산된 평균은 중앙값과 동일하다고 가정한다.

(6) (4)에서 계산된 중앙값에 로그함수(ln)를 취하고, 변동계수(*COV*)는 로그함수의 표준편차와 동일하다고 가정한다.

(7) (6)의 결과 구조계의 항복하중에 대한 대수정규분포의 중앙값과 표준편차가 계산되었으므로 확률분포와 누적확률분포를 각각 작성한다.

(8) (7)에서 작성된 누적확률분포가 구조계의 항복파손에 대한 취약도 곡선이다.

(9) 작성된 취약도 곡선을 이용하여 항복파손확률별 작용하중 및 설계안전수준에 대한 평가를 실시한다.

[분석 결과]

(1) 재료 항복강도 확률분포 작성
(Excel 내장함수 NORM.DIST() 사용)

표 6-2 강봉(D10, D13) 항복강도의 확률분포

강봉	D10		D13	
평균강도(MPa)	486.18		490.48	
표준편차(MPa)	17.12		15.93	
강도(MPa)	확률분포	누적 확률분포	확률분포	누적 확률분포
430.00	0.01%	0.1%	0.00%	0.0%
436.18	0.03%	0.2%	0.01%	0.0%
446.18	0.15%	1.0%	0.05%	0.3%
456.18	0.50%	4.0%	0.25%	1.6%
466.18	1.18%	12.1%	0.78%	6.4%
476.18	1.97%	28.0%	1.67%	18.5%
486.18	2.33%	50.0%	2.41%	39.4%
496.18	1.97%	72.0%	2.35%	64.0%
506.18	1.18%	87.9%	1.54%	83.8%
516.18	0.50%	96.0%	0.68%	94.7%
526.18	0.15%	99.0%	0.20%	98.7%
536.18	0.03%	99.8%	0.04%	99.8%
540.00	0.02%	99.9%	0.02%	99.9%

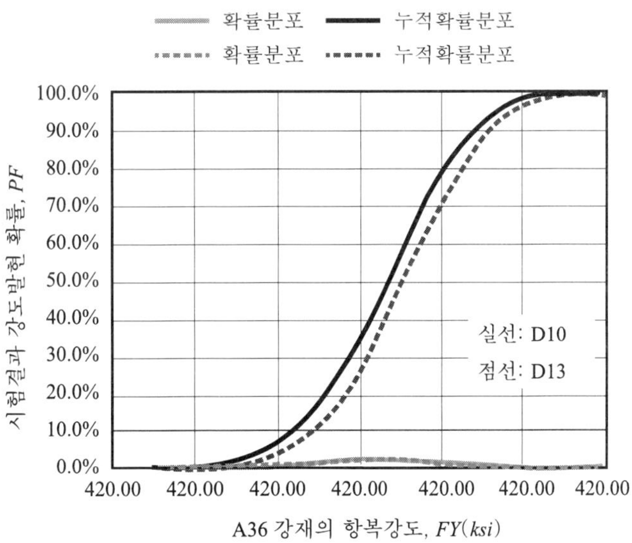

그림 6-2 강봉(D10, D13)의 확률분포

(2) 항복강도 랜덤샘플링(Excel 내장함수 Rand() 사용)

※ 확률변수 2개가 동시에 변동하는 상황이 고려됨.

표 6-3 강봉(D10, D13) 항복강도 랜덤샘플링

강봉	D10		D13	
Sampling No.	확률분포 랜덤샘플링	항복강도(MPa)	확률분포 랜덤샘플링	항복강도(MPa)
1	58.1%	489.67	4.6%	463.56
2	64.7%	492.62	52.0%	491.26
3	36.9%	480.47	82.5%	505.39
4	87.8%	506.11	15.5%	474.33
5	75.5%	498.00	75.0%	501.21
6	74.0%	497.17	40.0%	486.45
7	24.1%	474.15	82.3%	505.24
8	36.1%	480.10	58.0%	493.70
9	76.4%	498.47	89.3%	510.24
10	64.5%	492.55	51.3%	491.02
11	5.1%	458.13	63.7%	496.08
12	59.5%	490.29	62.2%	495.45
13	7.8%	461.85	5.4%	464.92
14	72.1%	496.19	58.2%	493.79
15	92.3%	510.59	53.6%	491.92
16	2.7%	453.11	57.9%	493.65
17	14.3%	467.94	21.0%	477.64
18	3.6%	455.36	33.4%	483.63
19	43.1%	483.20	50.0%	490.47
20	53.7%	487.75	83.3%	505.87
21	73.4%	496.88	97.0%	520.51
22	54.5%	488.13	59.8%	494.43
23	23.2%	473.67	18.0%	475.89
24	55.9%	488.72	94.5%	515.88
25	13.4%	467.21	21.7%	478.02
26	77.6%	499.14	41.1%	486.88
27	93.7%	512.40	96.3%	518.99
28	17.0%	469.88	2.3%	458.73
29	0.0%	429.52	86.9%	508.33
30	18.3%	470.71	87.3%	508.66
평균	-	482.33	-	492.74
표준편차	-	18.91	-	15.97
변동계수	-	0.039	-	0.032

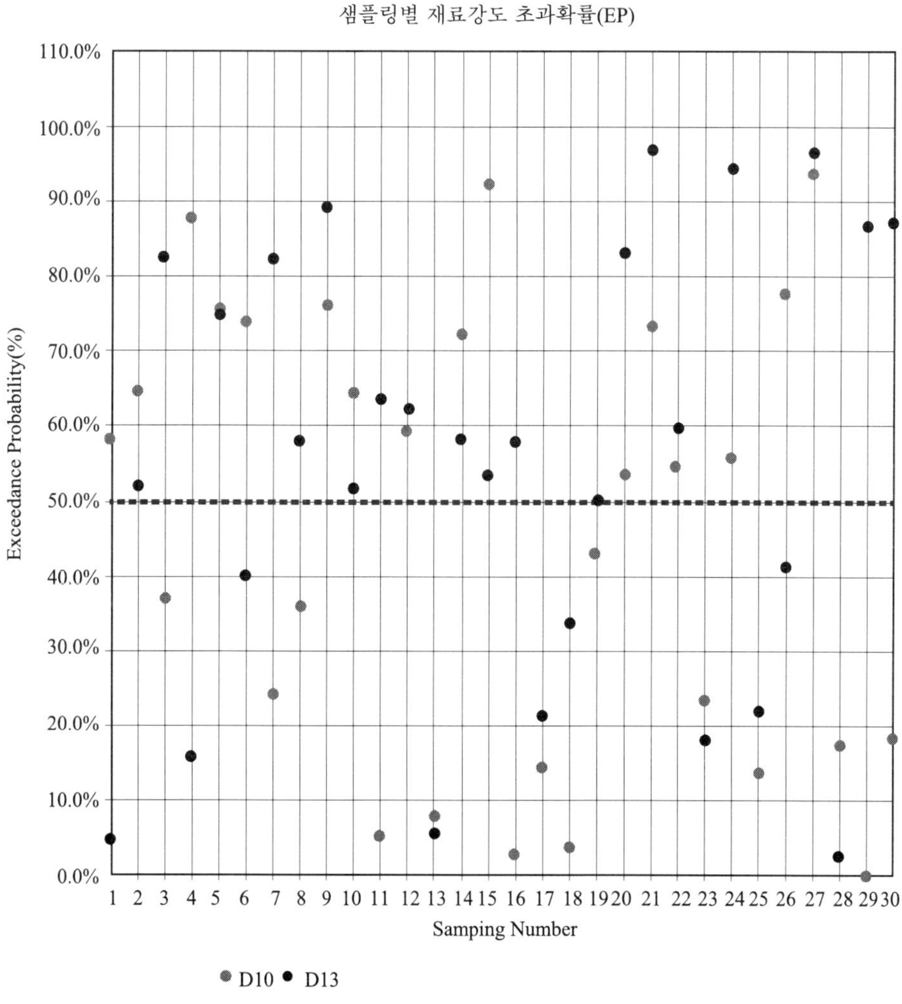

그림 6-3 강봉(D10, D13)의 샘플링별 재료강도 초과확률

(3)~(4) 항복하중 반복계산 및 평균, 표준편차, 변동계수 계산

표 6-4 항복하중 반복계산 결과

시험	D10				D13				항복하중 (kN) ⓒ=ⓐ+ⓑ
	확률 분포 랜덤 샘플링	항복 강도 (MPa)	단면적 A_s (mm^2)	항복 하중 $0.9A_sF_y$ (kN) ⓐ	확률 분포 랜덤 샘플링	항복 강도 (MPa)	단면적 A_s (mm^2)	항복 하중 $0.9A_sF_y$ (kN) ⓑ	
1	58.1%	489.67	78.54	34.61	4.6%	463.56	132.73	55.38	89.99
2	64.7%	492.62	78.54	34.82	52.0%	491.26	132.73	58.69	93.51
3	36.9%	480.47	78.54	33.96	82.5%	505.39	132.73	60.37	94.34
4	87.8%	506.11	78.54	35.77	15.5%	474.33	132.73	56.66	92.44
5	75.5%	498.00	78.54	35.20	75.0%	501.21	132.73	59.87	95.07
6	74.0%	497.17	78.54	35.14	40.0%	486.45	132.73	58.11	93.25
7	24.1%	474.15	78.54	33.52	82.3%	505.24	132.73	60.36	93.87
8	36.1%	480.10	78.54	33.94	58.0%	493.70	132.73	58.98	92.91
9	76.4%	498.47	78.54	35.23	89.3%	510.24	132.73	60.95	96.19
10	64.5%	492.55	78.54	34.82	51.3%	491.02	132.73	58.66	93.47
11	5.1%	458.13	78.54	32.38	63.7%	496.08	132.73	59.26	91.64
12	59.5%	490.29	78.54	34.66	62.2%	495.45	132.73	59.19	93.84
13	7.8%	461.85	78.54	32.65	5.4%	464.92	132.73	55.54	88.19
14	72.1%	496.19	78.54	35.07	58.2%	493.79	132.73	58.99	94.06
15	92.3%	510.59	78.54	36.09	53.6%	491.92	132.73	58.76	94.86
16	2.7%	453.11	78.54	32.03	57.9%	493.65	132.73	58.97	91.00
17	14.3%	467.94	78.54	33.08	21.0%	477.64	132.73	57.06	90.13
18	3.6%	455.36	78.54	32.19	33.4%	483.63	132.73	57.77	89.96
19	43.1%	483.20	78.54	34.16	50.0%	490.47	132.73	58.59	92.75
20	53.7%	487.75	78.54	34.48	83.3%	505.87	132.73	60.43	94.91
21	73.4%	496.88	78.54	35.12	97.0%	520.51	132.73	62.18	97.30
22	54.5%	488.13	78.54	34.50	59.8%	494.43	132.73	59.06	93.57
23	23.2%	473.67	78.54	33.48	18.0%	475.89	132.73	56.85	90.33
24	55.9%	488.72	78.54	34.55	94.5%	515.88	132.73	61.63	96.17
25	13.4%	467.21	78.54	33.03	21.7%	478.02	132.73	57.10	90.13
26	77.6%	499.14	78.54	35.28	41.1%	486.88	132.73	58.16	93.44

27	93.7%	512.40	78.54	36.22	96.3%	518.99	132.73	62.00	98.22
28	17.0%	469.88	78.54	33.21	2.3%	458.73	132.73	54.80	88.01
29	0.0%	429.52	78.54	30.36	86.9%	508.33	132.73	60.72	91.09
30	18.3%	470.71	78.54	33.27	87.3%	508.66	132.73	60.76	94.04
평균	-	482.33	-	34.09	-	492.74	-	58.86	92.96
표준편차	-	18.91	-	1.34	-	15.97	-	1.91	2.52
변동계수	-	-	-	0.039	-	-	-	0.032	0.027
로그평균	-	-	-	3.53	-	-	-	4.08	4.53

(5)~(8) 항복하중의 대수정규분포 취약도 곡선(누적확률분포) 작성

$$\text{로그평균} : 4.53kN,\ \text{로그표준편차} : 0.027$$

표 6-5 구조계의 항복하중 확률분포(랜덤샘플링)

항복하중(kN)	확률분포	누적확률분포
80.00	0.00%	0.00%
82.00	0.00%	0.00%
84.00	0.02%	0.01%
86.00	0.28%	0.20%
88.00	2.16%	2.15%
90.00	8.03%	11.63%
92.00	14.89%	35.12%
94.00	14.40%	66.00%
96.00	7.56%	88.30%
98.00	2.24%	97.45%
100.00	0.39%	99.65%
102.00	0.04%	99.97%
104.00	0.00%	100.00%

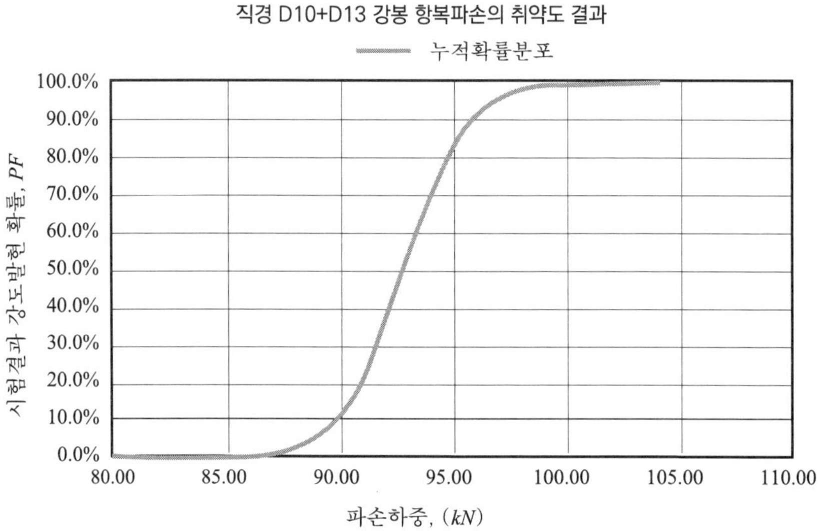

그림 6-4 강봉(D10, D13) 구조계의 항복파손 취약도 곡선(랜덤샘플링)

(9) 평가실시

Q1. 이상의 조건에서 D10, D13의 강봉으로 구성된 구조계의 항복파손의 취약도 곡선(Fragility Curve)은?

Ⓐ 표 6-5 및 그림 6-4

Q2. 구조계에서 항복파손확률 1%에 해당하는 하중은?

Ⓐ (아래 Q3의 풀이 참조)

Q3. 구조계에서 항복파손확률 50%에 해당하는 하중은?

Ⓐ 표 6-5 및 그림 6-4에서 1%에 해당하는 값을 읽는다. 혹은 엑셀함수를 이용해서 구한다. 아래 표 6-7은 설계수준, 1% 파손확률, 50% 파손확률에서 각각 계산된 항복하중을 나타내는 표이다.

표 6-6 강봉(D10, D13) 구조계의 설계항복하중

항복강도 (MPa)	D10 단면적 A_s (mm²)	설계 항복하중 $0.9A_sF_y$ (kN) ⓐ	D13 단면적 A_s (mm²)	설계 항복하중 $0.9A_sF_y$ (kN) ⓑ	항복하중 (kN) ⓒ=ⓐ+ⓑ
413.69	78.54	29.24	132.73	49.42	78.66

표 6-7 파손확률별 항복하중

파손확률	항복하중 (kN)	초과확률 (그림 6-4 참조)	설계대비
설계수준	78.66	0.00%	1D
1% 파손확률	87.28	1.00%	1.1D
50% 파손확률	92.96	50.06%	1.18D

6.3 변수분리법 활용 풀이

[분석순서요약]

(1) D10과 D13의 항복강도의 정규분포를 작성한다.

(2) (1)에서 작성된 확률분포에서 중앙값과 변동계수를 계산한다.

- 중앙값 : 평균값을 적용
- 변동계수 : 표준편차/평균값, 로그표준편차와 동일함

(3) D10과 D13에 대해서 50% EP와 95% EP에 해당하는 항복하중를 각각 계산한다. 계산은 2번 수행함.

(4) (3)에서 계산된 결과를 활용하여 D10 + D13 구조체의 재료 변동성에 따른 불확실성 분석을 수행한다. 아래 2가지 조합에 대해서 불확실성 분석 수행함.

- 아래 -

Median → 중앙값 : D10의 50% EP 결과 + D13의 50% EP 결과

CASE 1 → D10 재료변동 : D10의 95% EP 결과 + D13의 50% EP 결과

CASE 2 → D13 재료변동 : D10의 50% EP 결과 + D13의 95% EP 결과

- 불확실성 분석-

- **Median vs CASE 1** → 중앙값 결과에서 D10이 95% EP일 때 해석결과의 변동성을 조사함. 즉, D10 재료 변동성에 따른 구조체의 항복하중의 변동을 분석함.
- **Median vs CASE 2** → 중앙값 결과에서 D13이 95% EP일 때 해석결과의 변동성을 조사함. 즉, D13 재료 변동성에 따른 구조체의 항복하중의 변동을 분석함.

Median vs CASE 1과 Median vs CASE 2을 통해 도출된 각 재료별 변동에 따른 불확실성을 SRSS합산을 하여 복합불확실성을 도출함.

(5) (4)결과 구조체의 인장 항복하중에 대한 중앙값과, 불확실성이 계산되었으며, 계산결과를 이용하여 취약도 곡선을 작성함.

(6) 작성된 취약도 곡선을 이용하여 항복파손확률별 작용하중 및 설계안전수준에 대한 평가를 실시한다.

[분석 결과]

(1) 재료 항복강도 확률분포 작성(Excel 내장함수 NORM.DIST() 사용) 표 6-2, 그림 6-2 참조 요망

(2) 중앙값과 변동계수(혹은 로그표준편차) 계산

표 6-8 중앙값 및 변동계수

항목	D10	D13
평균 항복강도(MPa)	486.18	490.48
표준편차(MPa)	17.12	15.93
중앙값(MPa)	486.18	490.48
변동계수 (or 로그표준편차)	0.035	0.032

평균 항복강도 및 표준편차 : 표 6-1 참조

변동계수 계산 : $0.035 = \dfrac{17.12}{486.18}$, $0.032 = \dfrac{15.93}{490.48}$

(3) 재료 변동성에 따른 구조해석

표 6-9 재료 변동성에 따른 구조해석

	D10			D13		
초과 확률 (EP)	항복 강도 (MPa)	단면적 A_s (mm^2)	항복 하중 $0.9A_sF_y$ (kN) ①	항복 강도 (MPa)	단면적 A_s (mm^2)	항복 하중 $0.9A_sF_y$ (kN) ②
50%	486.18	78.54	34.37	490.48	132.73	58.59
95%	458.74	78.54	32.43	464.88	132.73	55.53
불확실성	-	-	0.035	-	-	0.032

95% EP 항복강도 계산 :

D10 → $A_{95\%EP} = A_{50\%EP} \times e^{-1.65\beta} = 486.18 \times e^{-1.65 \times 0.035} = 458.74$

D13 → $A_{95\%EP} = A_{50\%EP} \times e^{-1.65\beta} = 490.48 \times e^{-1.65 \times 0.032} = 464.88$

불확실성 계산 :

D10 → $\beta = -\frac{1}{1.65}\ln\left(\frac{95\%\,EP}{50\%\,EP}\right) \rightarrow 0.035 = -\frac{1}{1.65}\ln\left(\frac{32.43}{34.37}\right)$

D13 → $\beta = -\frac{1}{1.65}\ln\left(\frac{95\%\,EP}{50\%\,EP}\right) \rightarrow 0.032 = -\frac{1}{1.65}\ln\left(\frac{55.53}{58.59}\right)$

(4) 불확실성 분석

표 6-10 변수분리법을 이용한 취약도 결과

강봉	구조체 강도 (표 6-9에서 항복하중 합계 ①+②)		불확실성 (β)	강도 중앙값 (ln) (kN)	복합 불확실성 (β_C)
	메디안강도 (kN)	재료 95% EP 강도 (kN)			
D10	92.96	91.02	0.013	4.53	0.024
D13		89.90	0.020		

구조체 강도 :

메디안 강도 → 92.96kN = 34.37kN + 58.59kN

D10 재료 95% → 91.02kN = 32.43kN + 58.59kN

D13 재료 95% → 89.60kN = 34.37kN + 55.53kN

불확실성 계산 : $\beta = -\frac{1}{1.65}\ln\left(\frac{95\%\,EP}{50\%\,EP}\right)$

$0.013 = -\frac{1}{1.65}\ln\left(\frac{91.02}{92.96}\right),$

$0.020 = -\frac{1}{1.65}\ln\left(\frac{89.90}{92.96}\right)$

강도 중앙값(ln) : ln(92.96) = 4.53

복합불확실성 계산 :

$\beta_c = SRSS \rightarrow 0.024 = \sqrt{0.013^2 + 0.024^2}$

(5) 취약도 곡선작성

로그평균 : 4.53kN, 로그표준편차 : 0.024

표 6-11 구조계의 항복하중 확률분포(변수분리법)

항복하중(kN)	확률분포	누적확률분포
80.00	0.00%	0.00%
82.00	0.00%	0.00%
84.00	0.00%	0.00%
86.00	0.10%	0.06%
88.00	1.38%	1.11%
90.00	7.44%	8.86%
92.00	16.48%	33.27%
94.00	15.90%	67.91%
96.00	7.03%	91.05%
98.00	1.50%	98.62%
100.00	0.16%	99.88%
102.00	0.01%	99.99%
104.00	0.00%	100.00%

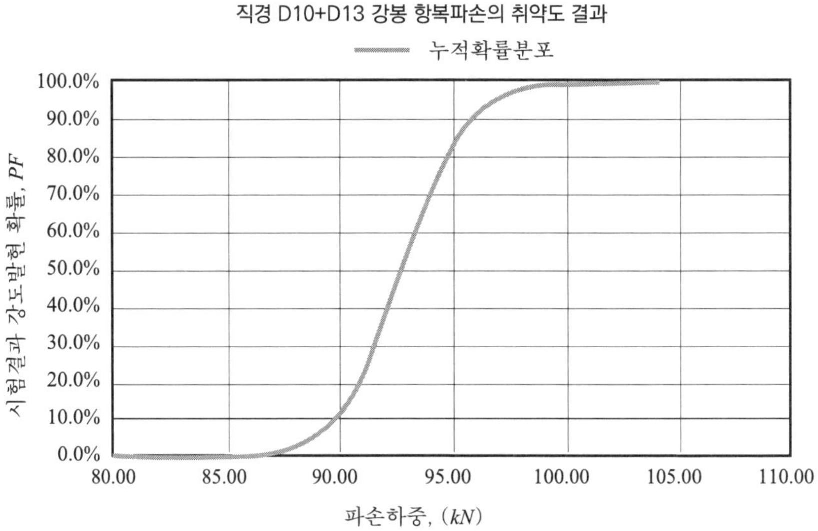

그림 6-5 강봉(D10, D13) 구조계의 항복파손 취약도 곡선(변수분리법)

6.4 하이브리드법 활용 풀이

[분석순서요약]

(1) 구조체의 결정론적파손내력(CDFM) 항복하중을 결정한다.

(2) Generic β값을 결정한다.

(3) 중앙값을 계산한다.

(4) (3), (2)를 통해 얻어진 중앙값과 β를 이용하여 취약도 곡선을 작성한다.

[분석]

(1) 설계하중(표 6-6)를 이용해서 설계강도 78.66kN을 CDFM 항복하중으로 결정한다.

- 연성재료는 아래에 해당할 때 50% 신뢰도 곡선에서 1% 파손확률을 갖음.

- 재료 : 95% EP, 수식 : 84% EP, 하중 : 84% NEP
- 비탄성에너지흡수계수 : 95% EP(※ 설계값과 유사함) (※ EPRI-3002012994 참조)

• 재료 : 공칭강도 적용
• 수식 : 설계기준강도식 적용
• 비탄성에너지흡수계수 : 설계값을 CDFM강도로 가정함에 따라 CDFM 강도에는 별도로 적용하지 안함(※ 안전측 분석)

(2) 랜덤샘플링과 변수분리법에 의한 β의 평균값 0.026를 적용함.

(3) CDFM → β를 통해 → 계산된 중앙값에 비탄성에너지흡수계수를 적용함.

- CDFM값에 이미 $F_{\mu,CDFM}$가 적용되었다고 가정함(※ 위 (1)에서 CDFM 강도에는 별도로 F_{μ}를 적용하지 않음).
- 중앙값을 비탄성에너지흡수계수로 EPRI-3002012994의 Table 4-11(그림 7-7)을 참조하여 $F_{\mu,CDFM}$= 1.25과 $F_{\mu m}$= 1.4의 비율인 1.12(= 1.4/1.25)을 적용함.

(4) 중앙값과 β계산 완료됨

표 6-12 구조계의 항복하중 취약도 분석 결과(하이브리드법)

CDFM 항복하중 (kN) (①)	β (※ 가정치)	강도 중앙값 (kN) (②)	②/①	비고	강도 중앙값 (ln) (kN)	복합 불확실성 (β_C)
78.66	0.026	91.89	1.17	β는 가정	4.52	0.026

$$\frac{F_{\mu m}}{F_{\mu,\,CDFM}} = \frac{1.4}{1.25} = 1.17$$

$$Median = \frac{CDFM}{e^{-1.65\beta_c}} \times \frac{F_{\mu m}}{F_{\mu,\,CDFM}},\quad 91.89kN = \frac{78.66kN}{e^{-1.65\times 0.026}} \times 1.17$$

(5) 취약도 곡선작성

로그평균 : 4.52kN, 로그표준편차(불확실성) : 0.026

표 6-13 구조계의 항복하중 확률분포(하이브리드)

항복하중 (kN)	확률분포	누적확률분포
80.00	0.00%	0.00%
82.00	0.00%	0.00%
84.00	0.04%	0.02%
86.00	0.63%	0.47%
88.00	4.23%	4.51%
90.00	12.48%	20.80%
92.00	16.98%	51.91%
94.00	11.19%	81.35%
96.00	3.74%	95.69%
98.00	0.66%	99.42%
100.00	0.06%	99.95%
102.00	0.00%	100.00%
104.00	0.00%	100.00%

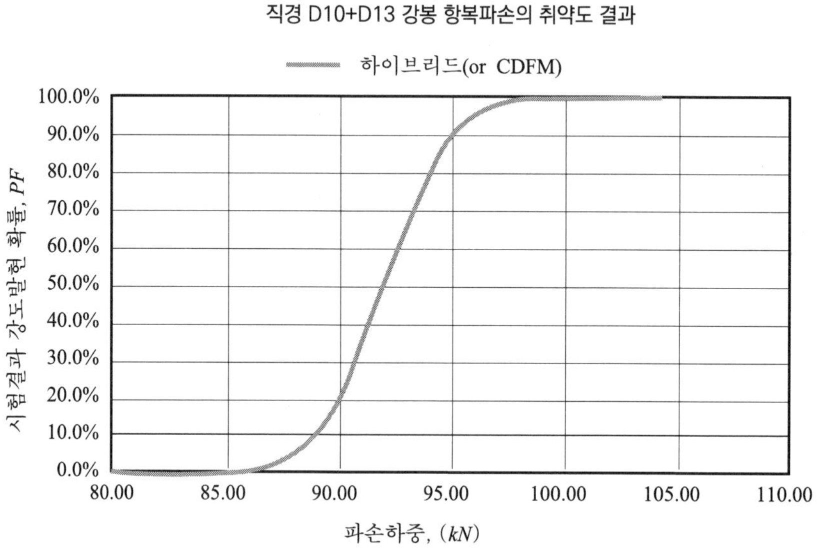

그림 6-6 강봉(D10, D13) 구조계의 항복파손 취약도 곡선(하이브리드법)

6.5 결과비교

분석 결과 각 방법론에 의한 결과가 서로 유사함을 확인할 수 있다. 문제 자체가 간단하며, 확률변수가 재료성질로 복합불확실성 자체가 0.024 ~ 0.027로 상당히 작기 때문에 방법론 간 차이가 거의 나지 않는 것은 당연한 결과이다. 일반적인 실무에서의 복합불확실성은 0.1 ~ 0.3 범위 혹은 그 이상이 고려됨을 알아 두었음 한다. 이 책은 방법론을 설명하기 위한 자료로 의도적으로 변수의 차이를 거의 두지 않으므로 방법론간 결과를 의도적으로 일치시킨 경향이 있다. 이 상태가 초기상태라 할 수 있으며, 불확실성이 추가되면 될수록 각 방법론간의 차이점은 점점 벌어질 것임을 인지 하였음 한다.

표 6-14 구조계의 항복하중 분석 결과 방법론에 따른 비교

방법론	항복하중 중앙값(kN)	복합불확실성(β_C)
램덤샘플링	92.96	0.027
변수분리법(SOV)	92.96	0.024
하이브리드	91.89	0.026

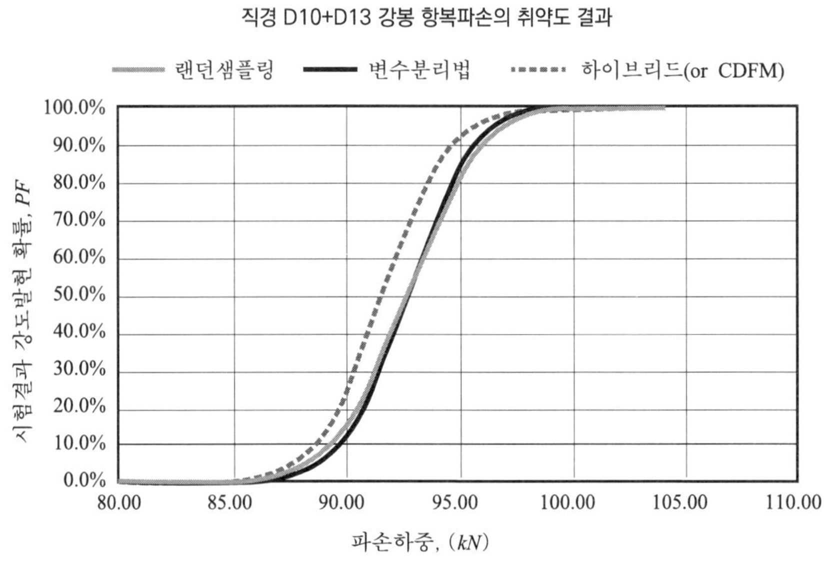

그림 6-7 강봉(D10, D13) 구조계의 분석 방법론에 따른 취약도 곡선 비교

Chapter

07

확률론적 구조해석 예제 2
단철근 콘크리트 직사각형보의 휨파손

7.1 문제설명

대학교에서 철근콘크리트 과목시간에 배운 간단한 예제를 풀어보고자 한다(출처 : "철근콘크리트", 신현묵, 이재훈, 11판, 예제 5-1). 보의 크기는 가로(b) 280mm 세로(H) 520mm이고, 보의 깊이(d)는 500mm이다. 철근(A_s)는 3-D25 1520mm^2이다. 콘크리트 설계기준강도(f_{ck})는 24MPa, 철근의 설계기준 항복강도(f_y)는 400MPa 이다. 확률변수는 콘크리트와 철근의 재료성질, 정역학적 휨강도 강도식, 비탄성에너지흡수계수로 한정하고, 그 외 형상 및 시공오차 등은 단순한 구조물이기 때문에 별도의 확률변수로 지정하지 않기로 한다(※실무에서는 현장조사(Walk Down)를 수행하여 시공상태를 확인하고 가정조건의 적합성을 확인하는 과정을 수행한다. 현장조사에는 시공상태 육안조사, 크기 측정, 간단한 현장강도시험, 설계도서 및 설계변경사항 확인 등이 포함됨).

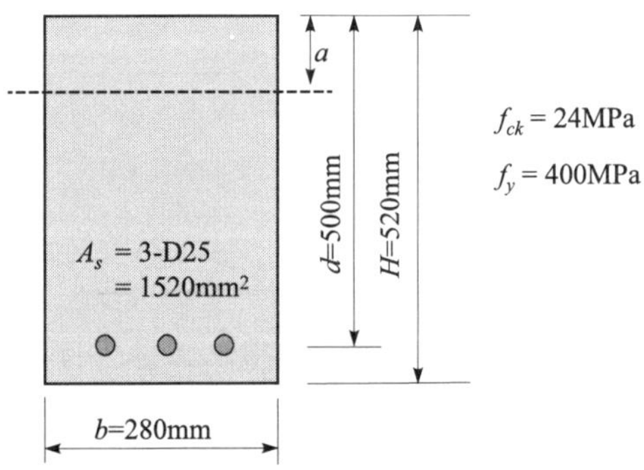

그림 7-1 단철근 콘크리트 직사각형보

Q1. 단철근 콘크리트 직사각형보를 랜덤샘플링, 변수분리법, 하이브리드법을 각각 적용하여 확률론적 구조해석을 실시하여 결과를 제시하시오.

Q2. Q1의 결과를 통해 각 방법론에 따른 취약도 곡선을 제시하고, 결과의 차이점에 대해서 논하시오.

7.2 설계휨강도 계산

설계휨강도는 아래 식과 같고 계산 결과는 표 7-1과 같다.

$$M_n = A_s f_y (d - \frac{a}{2})$$

$$a = \frac{A_s f_y}{0.85 f_{ck} b}$$

표 7-1 설계휨강도 계산

형상			설계 재료성질		구조해석	
보 크기 (mm)		철근량 A_s (mm^2)	콘크리트 f_{ck} (MPa)	철근 f_y (MPa)	중립축 a (mm)	설계 휨강도 M_n (kNm)
b	d					
280	500	1520	24	400	106.4	271.6

7.3 확률변수의 정의 및 재료 확률분포

[확률변수의 종류]

확률변수로는 재료성질, 정역학적 강도식, 비탄성에너지흡수계수 이상 3가지를 고려하였으며, 구조물의 형상은 단순한 단철근 직사각형보임을 고려하여 충분히 정밀히 제작된다고 가정하였다. 재료강도의 확률분포를 작성하기 위해 Excel 내장함수 NORM.DIST()을 사용하였다.

- 재료성질
- 휨강도 정역학적 강도식
- 비탄성에너지흡수계수

[콘크리트]

콘크리트의 강도 및 불확실성은 아래 표 7-2과 같다. 설계기준 강도는 24*MPa*이고, 변동계수(*COV*)는 콘크리트의 일반적인 값으로 알려진 0.15로 가정하였다. 메디안 강도는 대수정규분포를 가정하여 계산할 수 있으며, 수식 전개 과정은 아래와 같다. 이때, 대수정규분포의 불확실성은 정규분포에서의 변동계수와 동일하게 고려하였다.

$$f_{ck} = f_{ck,m} \times e^{-Z\beta_c}$$
$$\beta_c = COV$$

위에서 전환자 *Z*는 콘크리트가 취성재료임을 고려하여 98% EP에 해당하는 -2.05를 고려하였다. 아래 그림 7-2는 NEP 즉 비초과확률에 해당하는 *Z*값을 보여주는 그림이다. 1-NEP = EP인 관계를 이용하면 98% EP는 2% NEP에 해당하는 값이고, 이때 *Z*는 -2.05임을 확인할 수 있다.

표 7-2 콘크리트 메디안 강도 및 불확실성

항목	값	비고
설계기준강도(f_{ck}) (MPa)	24.0	그림 7-1, 표 7-1
변동계수(COV)	0.15	Generic 값
메디안 강도($f_{ck,m}$)(MPa)	32.64	$= \frac{f_{ck}}{e^{-2.05COV}} = \frac{24MPa}{e^{-2.05\times0.15}}$ ※f_{ck}대비1.36배
불확실성(β) (※ 표준편차)	4.90	$= f_{ck,m} \times COV$ = 32.64MPa×0.15

Standard Normal Variable, Z	Non-Exceedance Probability, NEP
2.33	0.99
2.05	0.98
1.65	0.95
1.28	0.90
1.00	0.84
0.00	0.50
-1.00	0.16
-1.28	0.10
-1.65	0.05
-2.05	0.02
-2.33	0.01

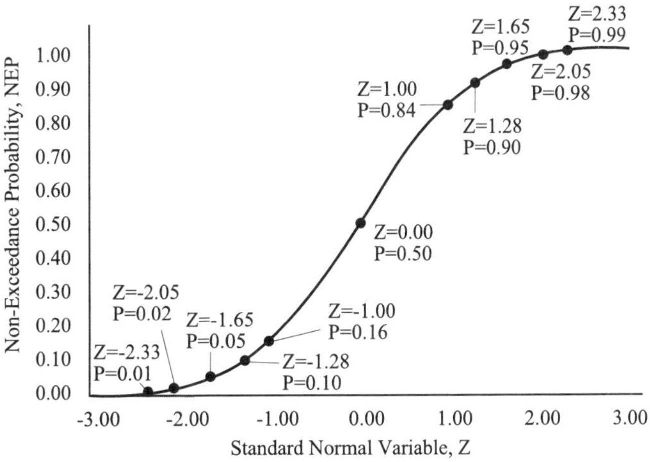

그림 7-2 전환자(Z)와 비초과확률(NEP) 관계(출처 : EPRI-3002012994)

표 7-2에서 보이는 바와 같이 메디안 강도와 불확실성을 각각 32.64MPa와 4.90MPa로 계산할 수 있고, 이를 이용하여 정규분포를 아래와 같이 작성할 수 있다. 표 7-3은 작성된 콘크리트 강도의 정규분포 확률을 보여주는 표이고, 그림 7-3은 이것을 그래프로 나타낸 결과이다.

표 7-3 콘크리트 강도의 확률분포

압축강도(MPa)	확률분포	누적확률분포
15.0	0.01%	0.0%
18.0	0.09%	0.1%
21.0	0.48%	0.9%
24.0	1.72%	3.9%
27.0	4.20%	12.5%
30.0	7.05%	29.5%
33.0	8.13%	52.9%
36.0	6.44%	75.4%
39.0	3.51%	90.3%
42.0	1.31%	97.2%
45.0	0.34%	99.4%
48.0	0.06%	99.9%
51.0	0.01%	100.0%

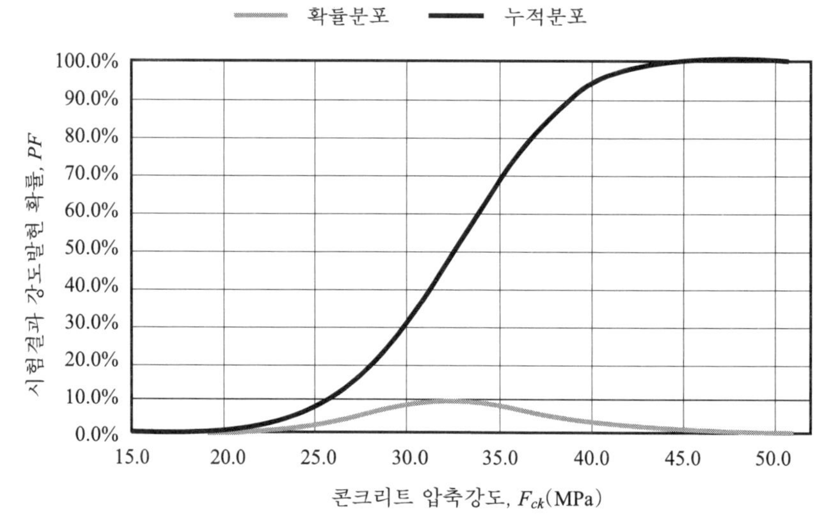

그림 7-3 콘크리트 압축강도의 확률분포

[철근]

철근의 강도 및 불확실성은 아래 표 7-4과 같다. 설계기준강도는 표 7-4에서의 400*MPa*이고, 변동계수(*COV*)는 앞선 예제 강봉의 항복하중 문제에서 D10 강재의 값인 0.035(표 6-8 참조)를 가정하여 적용하였다. 메디안 강도는 대수정규분포를 가정하여 계산할 수 있으며, 수식 전개 과정은 아래와 같다. 이때, 대수정규분포의 불확실성은 정규분포에서의 변동계수와 동일한 것으로 고려하였다. 전환자 *Z*는 철근이 연성재료임을 고려하여 95% EP에 해당하는 1.65를 고려하였다.

$$f_y = f_{y,m} \times e^{-Z\beta_c}$$
$$\beta_c = COV$$

표 7-4 철근 메디안 강도 및 불확실성

결과	값	비고
설계기준강도(f_y) (MPa)	400	그림 7-1, 표 7-1
변동계수(COV)	0.035	표 6-8의 D10 결과값 참조
메디안 강도($f_{y,m}$) (MPa)	423.78	$=\frac{f_y}{e^{-1.65COV}}=\frac{400MPa}{e^{-1.65\times0.035}}$ ※ f_{ck} 대비1.06배
불확실성(β) (※ 표준편차)	14.83	$= f_{y,} \times COV$ = 423.78MPa×0.035

표 7-4에서 보이는 바와 같이 메디안 강도와 불확실성을 각각 423.78MPa와 14.83MPa으로 계산할 수 있고, 이를 이용하여 정규분포를 아래와 같이 작성할 수 있다. 표 7-5는 작성된 정규분포 계산값을 보여주는 표이고, 그림 7-4는 이것을 그래프로 나타낸 결과이다.

표 7-5 철근 강도의 확률분포

항복응력(MPa)	확률분포	누적확률분포
370.0	0.00%	0.0%
380.0	0.03%	0.2%
390.0	0.20%	1.1%
400.0	0.74%	5.4%
410.0	1.75%	17.6%
420.0	2.60%	39.9%
430.0	2.46%	66.3%
440.0	1.48%	86.3%
450.0	0.56%	96.1%
460.0	0.14%	99.3%
470.0	0.02%	99.9%
480.0	0.00%	100.0%
490.0	0.00%	100.0%

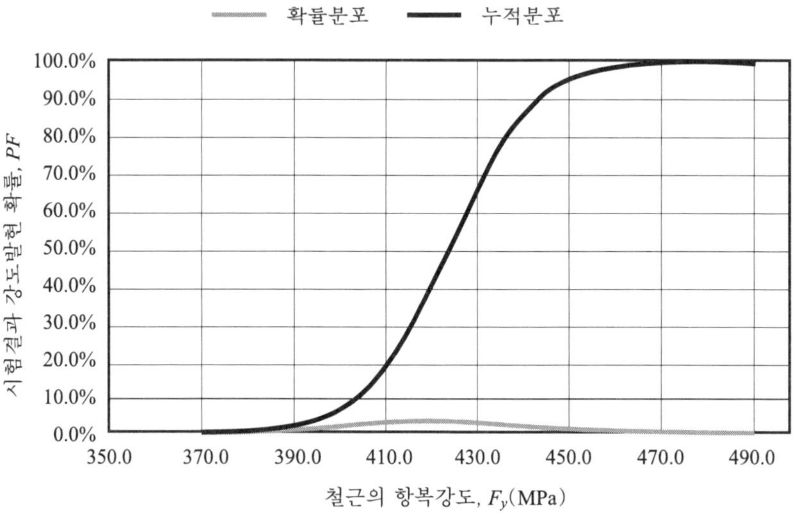

그림 7-4 철근 항복강도의 확률분포

[휨강도 정역학적 강도식]

정역학적 강도식중 설계식은 그림 7-5에서 보이는 바와 같이 일반적으로 84% EP(EPRI TR-3002012994, Figure 3-13참조)임에 Z는 1.0을 고려하였다. 참조문헌(EPRI TR-3002012994, Table 4-14)을 참조하여 로그표준편차(정규분포에서의 COV와 동일함)는 0.11로 가정(그림 7-6 참조)하였다. 이상의 값을 이용하여 로그평균을 계산할 수 있고 계산결과는 1.12이다. 계산된 1.12를 정역학 식에 고려하는 메디안 보정계수로 정의하였다.

$$1.12 = \frac{1}{e^{-Z \cdot COV}} = \frac{1}{e^{-1.0 \times 0.11}}$$

정역학적 강도식 메디안 보정계수 : 1.12

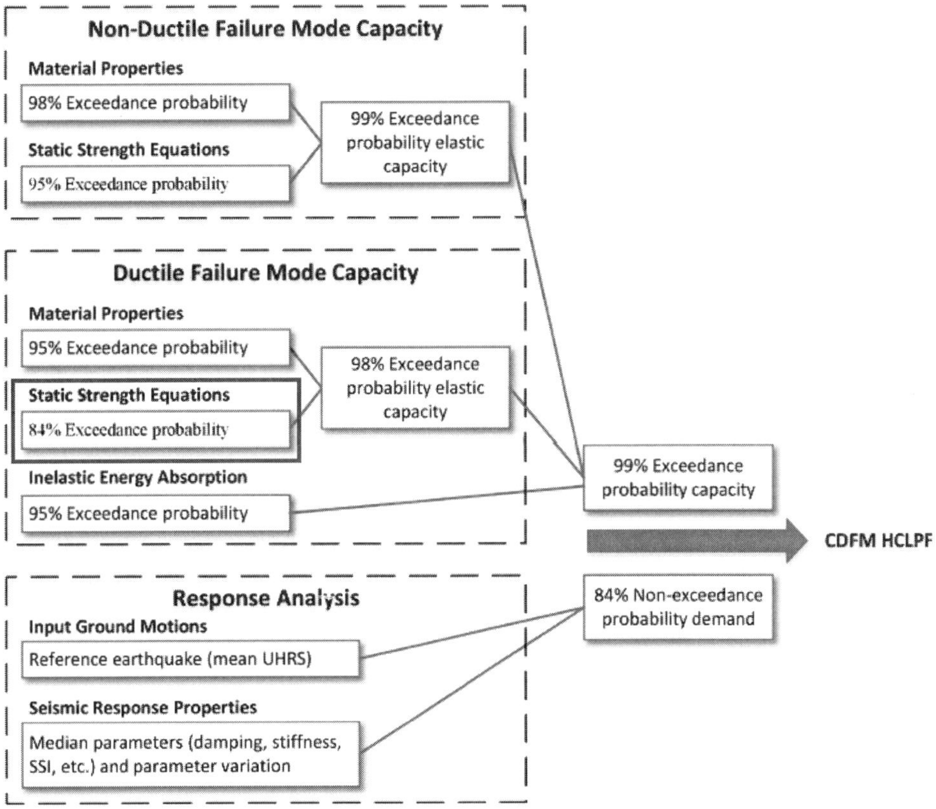

Figure 3-13
CDFM evaluation parameters

그림 7-5 정역학적 강도식의 초과확률(출처 : EPRI-3002012994)

Median Capacity		Logarithmic Standard Deviation for Uncertainty, β_u			
		Equation	Material	Fabrication	Combined SRSS
Bolt Ultimate					
Tension[a]	$P_{um} = \sigma_{um} A_s$	0.11	0.06	0.05	0.13
Shear[b]	$V_{um} = 0.62\ \sigma_{um} A_s$	0.06	0.06	0.05	0.10
Fillet Weld in Shear					
Longitudinal Direction[c]	$V_{um} = 0.84\ \sigma_{um}\ (0.707\ t\ L)$	0.11	0.05	0.15	0.19
Transverse Direction[c]	$V_{um} = 1.26\ \sigma_{um}\ (0.707\ t\ L)$	0.11	0.05	0.15	0.19
Plate in Bending					
Well defined yield point[d]	$M_{ym} = \left(\frac{bh_p^2}{4}\right)\sigma_{ym}$	0.06	0.12	0	0.13
Yield Point not well defined	$M_{ym} = \left(\frac{bh_p^2}{4}\right)\left[\frac{\sigma_{ym} + 2\sigma_{um}}{3}\right]$	0.06	0.12	0	0.13

그림 7-6 강도식 로그표준편차(출처 : EPRI-3002012994)

[비탄성에너지흡수계수]

비탄성에너지흡수계수는 구조물의 소성구간을 고려하여 성능의 연장성을 고려해주는 계수이다. 참조문헌(EPRI TR-3002012994, Table 4-11)을 참조하여 메디안 비탄성계수($F_{\mu m}$)로 1.8을, 95% EP 비탄성계수($F_{\mu,CDFM}$)로 1.5를 가정하여(그림 7-7에서 SMRF의 Columns) 적용하였다. 시공 및 제작 등 여러가지 복합성으로 인해 완벽한 비탄성에너지흡수계수의 적용은 현실적으로 어렵다. 따라서, 비탄성에너지흡수계수의 경우 각종 자료를 분석하여 엔지니어의 적절한 판단에 따라 사용하는 것이 일반적이다.

이 예제서도 그림 7-7의 Beams을 경우를 선택할 수도 있지만 그럴 경우 비탄성에너지흡수계수가 2.5, 3.5로 평가되어 성능평가 측면에서는 유리한 결과를 얻을수 있다. 하지만, 예제 후

반부에 기술된 방법론에 따른 결과 비교에서 다소 많은 차이가 보임에 따라 선택적으로 이책의 학습적 목적에 따라 의도적으로 Columns의 값을 적용하였다.

비탄성에너지흡수계수 95% EP 보정계수 : 1.5
50% EP 보정계수 : 1.8

비탄성에너지흡수계수 보정계수 로그표준편차 : 0.11

계산

$$0.11 = -\frac{1}{1.65}\ln\frac{95\%\,EP}{50\%\,EP} = -\frac{1}{1.65}\ln\frac{1.5}{1.8}$$

		95% EP, $F_{\mu,CDFM}$	Median, $F_{\mu m}$
SMRF reinforced concrete moment frames			
Beams		2.5	3.5
Columns*		1.5	1.8
Reinforced concrete shear wall, in plane:			
Bending controlled walls, $h_w/l_w \geq 2.0$		1.75	2.2
Shear controlled walls, $h_w/l_w < 2.0$		1.5	1.8
SMRF steel moment frames (bending only):			
Beams and columns*	$P_a < 0.2\ P_{ay}$	2.5	3.5
Columns*	$P_a = 0.3\ P_{ay}$ to $0.5\ P_{ay}$	1.25	1.4
Columns*	$P_a > 0.5\ P_{ay}$	1.0	1.0
Steel braced frames:			
Special concentric (bracing members)		2.0	2.6
Ordinary concentric (bracing members)		1.5	1.8
Eccentric; Short link beam, $1.6\ Z_p/(0.6A_w) < e$		2.0	2.6
Eccentric; Long link beam, $e > 2.6\ Z_p/(0.6A_w)$		2.5	3.5
Chevron bracing		1.5	2.0
Roof slabs, floor slabs, beams, and walls of reinforced concrete slab/wall moment frames		2.0	2.6

그림 7-7 비탄성에너지흡수계수(출처 : EPRI-3002012994)

7.4 랜덤샘플링법 활용 풀이

[분석순서요약]

(1) 콘크리트와 철근의 강도에 대한 확률분포(여기서는 정규분포)를 작성한다.

(2) (1)에서 작성된 확률분포에서 콘크리트와 철근의 강도를 각각 랜덤샘플링 한다. 샘플링은 최소 30개 세트 이상을 한다.

※ 랜덤샘플링하는 기법에는 몬테카를로 시뮬레이션(Monte Carlo Simulation), 라틴하이퍼큐브(Latin Hypercube Sampling, LHS)등이 있다. 이 예제에서는 Excel 프로그램에 내장되어 있는 Rand() 함수를 활용하여 샘플링하기로 한다.

(3) 수식보정계수(84% EP → 50% EP)와 비탄성에너지흡수계수($F_{\mu m}$)의 샘플링을 각각 수행한다.

(4) (2)에서 샘플링된 강도를 활용하여 단철근 직사각형보의 휨강도를 반복하여 계산하고(※ 재료 변동성 고려), (3)의 수식보정계수와 비탄성에너지흡수계수($F_{\mu m}$)를 적용하여 메디안 휨강도(휨강도)를 계산한다.

(5) (4)의 계산을 샘플링된 30세트의 데이터를 활용하여 반복 수행한다.

(6) 계산이 완료된 30세트의 휨파손강도는 정규분포를 따르며, 결과값의 평균과 표준편차 및 변동계수(COV)를 계산한다.

(7) (6)에서 계산된 휨강도의 확률분포에서 평균은 중앙값과 동일하다고 가정한다.

(8) (6)에서 계산된 중앙값에 로그함수(ln)를 취하고, 변동계수(COV)는 로그함수의 표준편차와 동일하다고 가정한다.

(9) 이상의 결과를 통해 $HCLPF$값을 계산한다.

[분석]

(1) 재료 확률분포를 작성함(7.3절 참조)

(2) 재료의 확률분포에서 랜덤샘플링을 실시((Excel 내장함수 Rand() 사용))

표 7-6 콘크리트 및 철근의 랜덤샘플링 재료강도

Sampling No.	콘크리트(f_{ck}= 24MPa)		철근(D25)(f_y= 400MPa)	
	확률분포 랜덤샘플링	압축강도(MPa)	확률분포 랜덤샘플링	항복강도(MPa)
1	18.4%	28.23	1.9%	393.13
2	44.2%	31.92	24.4%	413.48
3	58.0%	33.63	94.6%	447.56
4	28.2%	29.81	99.1%	458.58
5	4.0%	24.05	47.3%	422.78
6	39.5%	31.34	48.8%	423.33
7	81.0%	36.94	94.2%	447.10
8	73.1%	35.66	42.2%	420.85
9	45.8%	32.12	17.5%	409.94
10	32.0%	30.35	37.4%	419.00
11	91.9%	39.48	41.8%	420.71
12	72.9%	35.62	54.5%	425.46
13	64.7%	34.49	66.5%	430.10
14	64.6%	34.48	3.6%	397.17
15	31.0%	30.21	47.7%	422.91
16	98.2%	42.91	83.7%	438.36
17	18.4%	28.23	56.5%	426.21
18	65.0%	34.52	86.1%	439.86
19	18.1%	28.18	51.6%	424.38
20	15.9%	27.75	97.9%	454.00
21	45.4%	32.07	51.6%	424.38
22	18.2%	28.19	25.2%	413.86
23	9.6%	26.25	9.6%	404.39
24	83.9%	37.49	49.4%	423.55
25	46.4%	32.20	98.3%	455.28
26	92.3%	39.61	44.2%	421.63

27	20.1%	28.55	20.5%	411.57
28	61.2%	34.04	10.2%	404.94
29	83.6%	37.42	91.6%	444.22
30	59.1%	33.77	65.3%	429.61
평균		32.65		425.61
표준편차		4.37		16.68
변동계수	-	0.134	-	0.039

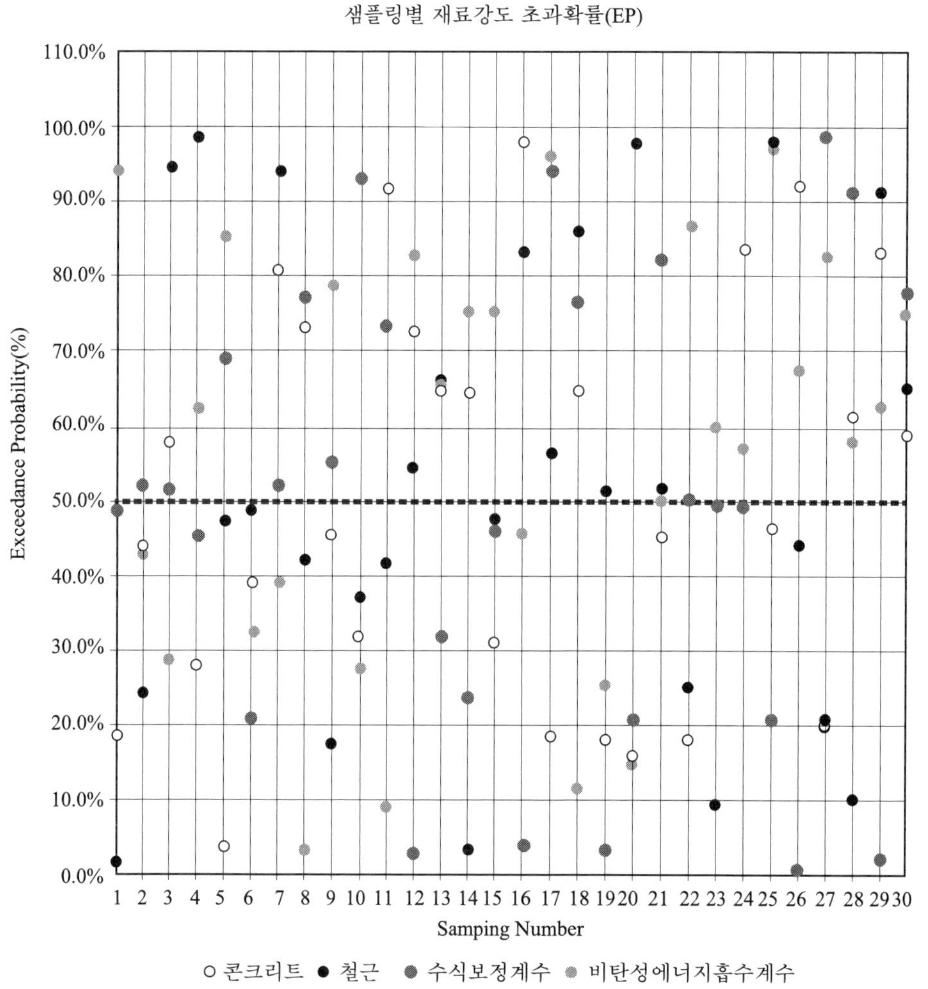

그림 7-8 콘크리트 및 철근의 샘플링별 재료강도 초과확률

(3) 수식보정계수(84% EP → 50% EP)와 비탄성에너지흡수계수($F_{\mu m}$)의 샘플링을 각각 수행함

표 7-7 수식 및 비탄성에너지흡수계수 보정계수

Sampling No.	수식보정계수		비탄성에너지흡수계수 보정계수	
	확률분포 랜덤샘플링	값	확률분포 랜덤샘플링	값
1	49.0%	1.11	94.6%	1.98
2	52.3%	1.12	42.9%	1.78
3	51.7%	1.12	29.1%	1.74
4	45.3%	1.10	62.5%	1.84
5	69.1%	1.17	85.3%	1.92
6	20.8%	1.03	32.5%	1.75
7	52.1%	1.12	39.3%	1.77
8	77.2%	1.20	3.2%	1.60
9	55.5%	1.13	78.7%	1.89
10	93.3%	1.28	27.8%	1.73
11	73.4%	1.18	9.3%	1.65
12	3.0%	0.91	83.1%	1.91
13	31.9%	1.06	65.7%	1.84
14	23.8%	1.04	75.4%	1.88
15	46.2%	1.11	75.3%	1.88
16	4.1%	0.93	45.9%	1.79
17	94.4%	1.29	96.2%	2.00
18	76.9%	1.20	11.7%	1.67
19	3.4%	0.92	25.3%	1.73
20	20.8%	1.03	14.9%	1.68
21	82.3%	1.22	50.1%	1.80
22	50.1%	1.12	87.0%	1.92
23	49.6%	1.12	60.1%	1.83
24	49.0%	1.11	57.3%	1.82
25	20.6%	1.03	97.4%	2.02
26	0.6%	0.84	67.8%	1.85
27	98.8%	1.36	82.7%	1.90
28	91.3%	1.27	58.0%	1.82
29	2.3%	0.90	62.8%	1.84
30	78.1%	1.20	75.1%	1.87
평균	-	1.11	-	1.82
표준편차	-	0.125	-	0.101
변동계수	-	0.113	-	0.055

(4)~(7) 메디안 휨강도 반복계산 및 표준편차, 변동계수 계산

표 7-8 메디안 휨강도 반복계산 결과

No.	형상			재료성질		설계휨강도		수식	비탄성	메디안
	보 크기(mm)		철근량	콘크리트	철근	중립축	휨강도	보정계수	에너지	휨강도
	b	d	A_s (mm²)	f_{ck} (MPa)	f_y (MPa)	a (mm)	M_n (kNm)	(84%EP to 50%EP)	흡수계수 (F_μ)	(kNm) 50%EP
1	280	500	1520	28.23	393.13	88.93	272.2	1.114	1.978	599.5
2	280	500	1520	31.92	413.48	82.72	288.3	1.123	1.780	576.1
3	280	500	1520	33.63	447.56	85.00	311.2	1.121	1.739	606.7
4	280	500	1520	29.81	458.58	98.24	314.3	1.103	1.835	636.3
5	280	500	1520	24.05	422.78	112.26	285.2	1.171	1.916	640.1
6	280	500	1520	31.34	423.33	86.28	294.0	1.027	1.750	528.1
7	280	500	1520	36.94	447.10	77.29	313.5	1.122	1.770	622.7
8	280	500	1520	35.66	420.85	75.37	295.7	1.198	1.596	565.7
9	280	500	1520	32.12	409.94	81.51	286.2	1.131	1.888	611.2
10	280	500	1520	30.35	419.00	88.17	290.4	1.281	1.735	645.4
11	280	500	1520	39.48	420.71	68.05	298.0	1.185	1.654	583.9
12	280	500	1520	35.62	425.46	76.28	298.7	0.909	1.906	517.3
13	280	500	1520	34.49	430.10	79.64	300.8	1.064	1.845	590.7
14	280	500	1520	34.48	397.17	73.57	279.6	1.038	1.876	544.5
15	280	500	1520	30.21	422.91	89.40	292.7	1.106	1.876	607.1
16	280	500	1520	42.91	438.36	65.24	311.4	0.926	1.789	515.5
17	280	500	1520	28.23	426.21	96.41	292.7	1.291	1.996	754.2
18	280	500	1520	34.52	439.86	81.37	307.1	1.197	1.669	613.4
19	280	500	1520	28.18	424.38	96.19	291.5	0.916	1.727	461.0
20	280	500	1520	27.75	454.00	104.48	309.0	1.027	1.685	534.6
21	280	500	1520	32.07	424.38	84.52	295.3	1.218	1.800	647.7
22	280	500	1520	28.19	413.86	93.75	285.0	1.117	1.924	612.5
23	280	500	1520	26.25	404.39	98.39	277.1	1.115	1.828	564.9
24	280	500	1520	37.49	423.55	72.16	298.7	1.113	1.820	605.3
25	280	500	1520	32.20	455.28	90.30	314.8	1.026	2.015	650.8
26	280	500	1520	39.61	421.63	67.97	298.7	0.837	1.851	462.9
27	280	500	1520	28.55	411.57	92.08	284.0	1.364	1.904	737.5
28	280	500	1520	34.04	404.94	75.98	284.4	1.266	1.822	656.1
29	280	500	1520	37.42	444.22	75.81	312.0	0.896	1.836	513.5
30	280	500	1520	33.77	429.61	81.26	300.0	1.202	1.875	675.8
평균	280	500	1520	32.65	425.61	84.62	296.08	1.11	1.82	**596.04**
표준편차	0.00	0.00	0.00	4.37	16.68	11.23	11.77	0.13	0.10	68.85
변동계수	0.000	0.000	0.000	0.134	0.039	0.133	0.040	0.113	0.055	**0.116**

(8)~(9) 휨파손강도의 *HCLPF*을 계산함

표 7-8로부터 메디안 휨강도는 596.04kNm으로 계산되며 불확실성은 0.116이다. 메디안 휨강도는 설계(271.6kNm) 대비 2.19배 수준임을 알 수 있다. 또한 *HCLPF*값은 455.40kNm으로 계산될 수 있고, 설계휨강도 대비 1.68배 수준임을 알 수 있다. 이상의 결과는 표 7-9에 표기되어 있다.

$$HCLPF = A_m e^{-2.33\beta_c} \rightarrow 455.40 = 596.04 e^{-2.33\times 0.116}$$

표 7-9 랜덤샘플링 취약도 결과

취약도 결과	값	비고
메디안 휨강도(kNm)	596.04	2.19D
불확실성	0.116	
HCLPF	455.40	1.68D

7.5 변수분리법 활용 풀이

[분석순서요약]

(1) 정밀하게 제작되었다고 가정함에 따라 형상에 대해서는 별도의 변동성을 고려하지 않았다(※ 대형 구조물일 경우 시공오차의 변동성을 고려할 수 있음).

(2) 콘크리트와 철근의 50% 강도와 95% 강도를 각각 계산한다.

콘크리트 50% → 32.64MPa(표 7-2 참조)

콘크리트 95% → $25.48 = 32.64 \times e^{-1.65\times 0.15}$

(3) 수식보정계수에 대해 84% EP와 50% EP에 해당하는 보정계수를 각각 계산한다. ※ 앞의 "[휨강도 정역학적 강도식]"을 참조

(4) 비탄성에너지흡수계수는 95% EP에 대한 값으로 1.5을 적용한다.

※ 앞의 "비탄성에너지흡수계수" 및 그림 7-7 참조

(5) 형상, 재료성질, 구조해석(수식), 비탄성에너지흡수계수 모두 50% EP를 가진 값으로 메디안 휨강도를 계산한다.

$$M_n = A_s f_y (d - \frac{a}{2})$$

(6) (5)에 계산된 결과에서 콘크리트(95%), 철근(95%), 수식(84%), 비탄성에너지흡수계수(95%)가 각각 변동할 때의 휨강도를 각각 계산한다.

(7) (6)의 계산된 결과로부터 1개의 인자가 변동할 때 메디안 휨강도의 변동성을 각각 계산하여 불확실성 분석을 수행한다. 또한, 각 불확실성 인자를 SRSS 합산하여 복합불확실성을 계산한다. 전체 불확실성 0.134에 대해 비탄성에너지흡수계수에 의한 불확실성은 0.11로 82%(=0.11/0.134)를 차지하므로 비탄성에너지흡수계수가 가장 중요한 변동요인임을 알 수 있다.

$$0.134 = \sqrt{0.016^2 + 0.032^2 + 0.067^2 + 0.11^2}$$

(8) (5)에서 계산된 메디안 휨강도와 (7)에서 계산된 복합불확실성을 활용하여 *HCLPF*값을 계산한다. 계산결과는 표 7-11에 표기되어 있다.

$$435.92 = 595.46 \times e^{-2.33 \times 0.134}$$

표 7-10 변수분리법의 메디안 휨강도 및 불확실성 분석

항목 및 초과확률(EP)		형상 보 크기(mm) b	형상 보 크기(mm) d	형상 철근량 A_s (mm²)	재료성질 콘크리트 f_{ck} (MPa)	재료성질 철근 f_y (MPa)	구조해석(84% EP수식) 중립축 a (mm)	구조해석(84% EP수식) 휨강도 M_n (kNm)	수식 보정계수 (84%EP to 50%EP)	비탄성 에너지 흡수 계수 (F_μ)	메디안 휨강도 (kNm) 50%EP
메디안 50%		280	500	1520	32.64	423.78	82.92	295.4	1.120	1.800	595.5
재료	콘크리트 95%	280	500	1520	25.48	423.78	106.20	287.9	1.120	1.800	580.3
	철근 95%	280	500	1520	32.64	400.00	78.27	280.2	1.120	1.800	564.9
수식 84%		280	500	1520	32.64	423.78	82.92	295.4	1.003	1.800	533.4
비탄성계수 95%		280	500	1520	32.64	423.78	82.92	295.4	1.120	1.500	496.2
불확실성 분석	콘크리트	–	–	–	–	–	–	–	–	–	0.016
	철근	–	–	–	–	–	–	–	–	–	0.032
	수식	–	–	–	–	–	–	–	–	–	0.067
	비탄성흡수계수	–	–	–	–	–	–	–	–	–	0.110
	복합 불확실성	–	–	–	–	–	–	–	–	–	0.134

표 7-11 변수분리법 취약도 결과

취약도 결과	값	비고
메디안 휨강도(kNm)	595.46	2.19.D
불확실성(β_c)	0.134	
HCLPF 휨강도(kNm)	435.92	1.60D

7.6 하이브리드법 활용 풀이

[분석순서요약]

(1) 구조체의 결정론적파손내력(CDFM) 항복하중을 결정한다.

(2) Generic β값을 결정한다.

(3) 중앙값을 계산한다.

(4) (3), (2)를 통해 얻어진 중앙값과 β를 이용하여 취약도 곡선을 작성한다.

표 7-11 하이브리드법에 의한 취약도 분석 결과

CDFM 휨하중 (kNm) ①	불확실성 β (※가정치)	휨강도 중앙값 (kNm) ②	②/①	비고	로그 중앙값 (ln)	복합불확실성 (β_c)
407.46	0.125	500.53	1.23	β는 가정	6.22	0.125

<u>CDFM 강도 :</u>

설계휨강도×비탄성흡수계수(1.5 적용) = 271.6×1.5 = 407.46

β : 랜덤샘플링과 변수분리법에 의한 결과의 평균값 적용

(0.116+0.134) / 2 = 0.125

휨강도 중앙값 : $500.53 = \dfrac{407.46}{e^{-1.65 \times 0.125}}$

로그 중앙값 : ln(500.53) = 6.22

7.7 결과비교

방법론별 분석 결과를 아래 표 7-13에 정리하였고, 취약도 곡선을 그림 7-9에 나타내었다. 표 7-13과 그림 7-9에서 보이는 것과 같이 랜덤샘플링과 변수분리법은 거의 일치함을 보이고, 하이브리드법은 다른 2가지 방법론에 의한 결과보다 약간 보수적인 경향을 보였다. 하지만, 각 방법론에 의한 차이는 크지 않으며 서로 유사함을 확인 할 수 있었다. 또한, 불확실성은 0.116 ~ 0.134로 분포되는 것으로 분석할 수 있었다. 앞 6장의 강봉 구조계의 불확실성(0.024~0.027)과 비교하여 다소 증가함을 확인할 수 있다. 그러한 이유는 단철근 직사각형보는 강봉 구조계와 비교하여 재료 뿐만 아니라 수식 및 비탄성에너지흡수계수 등이 변동요인으로 고려되었기 때문이다. 즉, 불확실성 요소가 많고, 불확실의 양도 크기 때문이다.

6장의 강봉 구조계 같은 경우 예시를 위해 문제를 풀었지만, 사실 비교적 명확하고 강도의 변동폭이 지극히 작으므로 확률분석이 꼭 필요할까? 생각해본다. 설계에 약간의 여유도를 주는 것으로 확률론적 분석을 대체해도 충분하지 않을까? 생각해 본다.

이러한 사유로 확률론적 구조분석은 지진 등과 같이 변동성 자체가 큰 자연재해와 연관된 구조해석에 주로 활용되고, 비교적 긴단하고 민감하지 않은 구조물에 대해서는 설계로 안전성 평가를 마감하는 경향이 있다.

표 7-13 단철근 직사각형보 휨모멘트의 방법론에 따른 분석 결과 비교

방법론	휨강도 중앙값 (kNm)	불확실성 (β_c)
램덤샘플링	596.04	0.116
변수분리법(SOV)	595.46	0.134
하이브리드	500.53	0.125

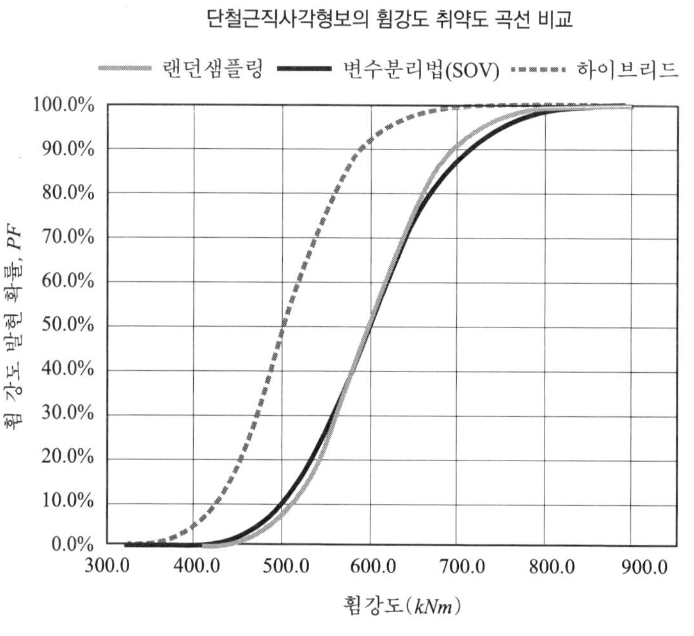

그림 7-9 단철근보의 방법론에 따른 휨모멘트 취약도 곡선 비교

Chapter

08

확률론적 구조안전성평가 및 경제성 분석

8.1 안전목표치

확률론적 구조해석이란 구조해석을 확률론적 개념으로 수행하는 것이고, 구체적으로 구조해석의 결과를 확률분포로 표현하는 것이다. 1장~5장까지 이런 행위를 하는 목적, 이론, 방법론을 설명 하였고, 6장, 7장에서는 예제를 풀어보았다. 이쯤에서 몇몇은 궁금해할 것이다. 어렵게 공부했는데, 확률론적 구조해석의 결과가 "취약도 곡선" 또는 "하중별 파손확률"인 것 같은데 이 결과가 어디에 어떻게 사용되는 것인가?

3장에서 소개된 "확률론적 안전목표치"를 다시 생각해 보자. 결정론적 안전기준 예를 들어 콘크리트 부재 파손강도 등의 단일 구조부재도 있지만 전체적인 시스템의 안전목표치도 있다. 우리 주변에서 적용 사례를 쉽게 찾아볼 수 있다. 예를 들어 화학공장의 시스템을 개선해서 불량품 발생확률을 특정값 이하로 낮추겠다는 등의 목표가 있고, 원자력 발전소에 대해서는 노심손상빈도인 CDF(Core Demage Failure)을 10^{-5} 이하로 제한 한다는 등의 안전목표치가 있다. 그리고, 꼭 확률의 형태가 아니더라도 우리가 알고 있는 대부분의 안전목표치는 확률론적 결과에 기반하여 도출된다. 따라서, 확률론적 구조해석을 활용하기 위해서 반드시 선행 되어야 하는 사항은 "**확률론적 안전목표치**"의 수립이다. 안전목표치의 수립이 없다면 확률론적 구조해석의 결과는 그저 참조일 뿐 별다른 의미를 갖기는 힘들 것이다.

8.2 확률론적 구조안전성평가

예시를 통해 설명하고자 한다. 그림 8-1은 6장의 예시에서 그림 6-1을 응용하여 그린 그림이다. 그림 8-1에서 보이는 바와 같이 강봉 구조계의 상부에 하중을 유발할 수 있는 Event A, B, C, D가 각각 존재한다고 가정하자. 각 Event는 Index a의 값으로 대표할 수 있다고 하자. a는 함수 $f(a)$와 연계되어 하중 P를 유발한다고 가정하자. 쉽게 생각해서 우리가 실제 관찰할 수 있는 사항은 각 Event이고 그 결과는 강봉 구조계의 파손이다, 이때, 각 Event를 수치화한 값이 Index a라고 생각하면 보다 이해하기 쉬울 듯하다.

Event 발생 → a로 표현함 → $P=f(a)$

이상의 상황은 복합 상가 주차장 혹은 물류창고 등의 구조물 지붕 혹은 슬래브 구조 등에서 볼 수 있을 듯하다. 지붕 혹은 슬래브에 철봉을 매달아서 어느 하중을 지지한다고 가정하고, 상부 지붕 혹은 슬래브에 충격이나 충돌 혹은 기타 사유로 인해 각종 상황이 발생할 수 있기 때문이다. 현실성이 좀 떨어져도 이상의 예시는 설명을 위해 필자가 가상으로 설정한 상황임을 이해하기 바란다.

예측 가능한 사고 상황분석

즉, Event A, B, C, D가 발생한(4가지 중 1개가 발생할 수도 있고, 중복해서 함께 발생할 수도 있지만 여기서는 독립적으로 1개씩 발생할 수 있는 것으로 가정하자) 이후 일련의 과정은 아래와 같이 예측할 수 있다.

[사고(Event) 시나리오]

→ Event 발생

→ 지붕 혹은 슬래브 구조물 자극

→ Event는 a로 표현 가능하며, Event로 유발된 P는 $f(a)$로 표현 가능함

→ 철봉 구조계(D10 & D13)에 파손하중 P 발생함

→ 구조계 파손

→ 붕괴사고 발생

→ 인명 및 물적 피해발생

→ 사고관련 처리 및 복구 비용 발생

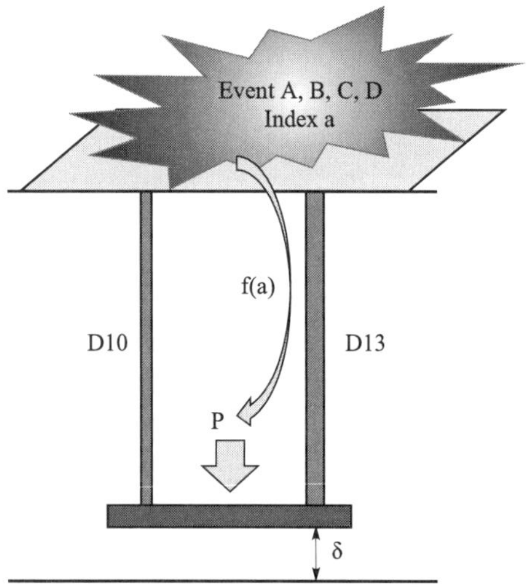

그림 8-1 Event와 강봉 구조계의 상관관계

확률론적 안전성평가 분석 단계 및 예시

"예측 가능한 사고 상황분석"의 대응 방안으로 확률론적 안전성평가를 수행하기 위해 고려해야 할 사항들에 대해서 먼저 언급하고자 한다. 이 책에서는 전체적인 흐름을 설명하기 위한 주제로 내용을 요약적으로 언급한다. 아래 기술된 분석 단계 (1) ~ (8) 각 단계 모두가 개별적인 연구 주제여서 실제 특정한 구조물의 안전성분석을 위해서는 수많은 연구가 필요하다. 연구 결과가 없는 관계로 단계별 중요내용(값 혹은 함수)은 필자의 임의대로 가정하여 적용하였다.

(1) 대상 구조물의 누적파손확률분포가 작성되어야 함
  → 확률론적 구조해석(표 8-1, 2)
(2) 구조물의 안전목표치를 설정함
  → 예시 "파손확률 XX% 이하" 같은 형태로 확률로 표시 (표 8-3 참조)
(3) Event에 대한 분석이 있어야 한다.
  → Event A, B, C, D로 가정함(표 8-4 참조)

→ 실무에서는 각 Event에 대한 복잡한 논리구조가 있으므로 각 Event에 대한 계통(System) 전문가의 계통 분석이 수행되어야 함

(4) Event를 수치적으로 표현할 수 있는 Index a가 분석되어야 함(표 8-5 참조)

→ Event Index를 표현하는 것 자체가 별도 연구 프로젝트임

→ Index a의 구체적인 결과값은 대표값(표에서 Index Value(a), 발생빈도 등)

→ 예시로는 지진의 경우 지진 영주기 가속도 ZPA, 유효지진가속도 S 혹은 최대지반가속도 PGA 등으로 지진하중을 표현하는 방법 등이 있음. 지진의 크기를 지진 재해도 곡선(Seismic Hazard Curve)으로 표현하는 방식 등이 있음.

(5) 하중(Force P)에 대한 분석이 있어야 함(표 8-5 참조)

→ Event ⇒ Index Value & Frequency ⇒ Force P로 연계성이 확인되어야 함. 각 단계별 이동에 관련된 함수(혹은 관계식이 정립되어야 함)

(6) 하중 P가 작용할 때 구조계의 파손확률 PF(P) 계산(표 8-5 참조)

→ (1)의 구조물 누적파손확률과 (5)의 하중 P를 연계함

(7) Event가 발생할 때 구조물의 최종파손확률 PF(a) 계산(표 8-5 참조)

→ Event는 a로 표현됨

→ 하중에 따른 파손확률 PF(P)와 a의 Frequency와 연계하여 최종 a에 대한 파손확률 PF(a)를 계산함

→ PF(P)는 Event D가 100%로 가장 크나 해당 Event가 일어날 확률(그림 8-3)이 16%로 가장 작음에 따라 최종파손확률 PF(a)는 16.0%음. 동일한 방식으로 각 Event에

대한 PF(a)를 계산한 결과 Event C에서 51.3%로 가장 크게 발생함. 따라서 Critical Event는 C로 판정할 수 있음

(8) 최종파손확률 PF(a)와 안전목표치를 비교하여 안전성을 판정함(표 8-5 참조)

→ 가정된 안전목표치에 따라 30% 이상의 파손확률인 Event C에 대해서는 안전목표치 불만족함(그림 8-5 참조)

(9) 분석 결과에 따른 향후 조치 필요

표 8-1 구조계의 항복하중 확률분포(※ 표 6-11 참조)

No	항복하중 P(kN)	파손확률 분포	누적 파손확률분포 PF(P)
1	84.0	0.00%	0.00%
2	85.0	0.03%	0.01%
3	86.0	0.13%	0.08%
4	87.0	0.54%	0.38%
5	88.0	1.70%	1.41%
6	89.0	4.23%	4.24%
7	90.0	8.37%	10.42%
8	91.0	13.29%	21.26%
9	92.0	17.04%	36.61%
10	93.0	17.77%	54.31%
11	94.0	15.17%	71.02%
12	95.0	10.67%	84.01%
13	96.0	6.22%	92.38%
14	97.0	3.02%	96.88%
15	98.0	1.23%	98.90%
16	99.0	0.42%	99.67%
17	100.0	0.12%	99.91%
18	101.0	0.03%	99.98%
19	102.0	0.01%	100.00%
20	106.0	0.00%	100.00%

표 8-2 강봉 구조계의 항복하중 로그중앙값 및 불확실성

결과	값
로그중앙값(ln)	4.53
불확실성(β)	0.024

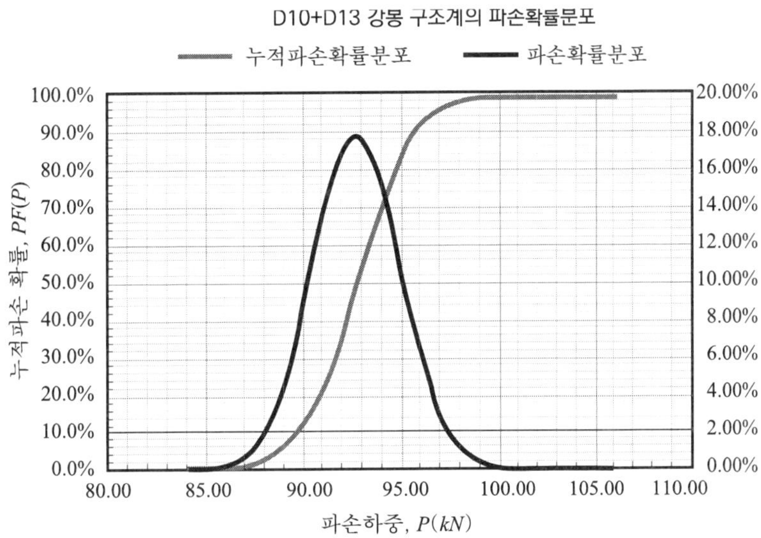

그림 8-2 D10+D13 강봉 구조계의 파손확률분포

표 8-3 안전목표치 가정치

안전 목표치	상한값 (※ 가정함)	비고
	30%	파손확률 30% 이상일 경우 결정론적으로 NG 적용

표 8-4 Event 및 Index Value(a)

<table>
<tr><th>Event</th><th>설명 (예시)</th><th>a 값</th><th>타 Event로 변경 가능성</th></tr>
<tr><td>A</td><td rowspan="4">각 Event에 대해서 다음 사항 설명

1. 하중 특성, 경로, 크기
2. 구조물에 미치는 영향
3. 구조물의 하중전달 메커니즘
4. Event별 기타 사항
- 제거 가능한 사항인가?
- 변경할 수 있는 사항인가?</td><td>1</td><td>불가</td></tr>
<tr><td>B</td><td>2</td><td>불가</td></tr>
<tr><td>C</td><td>3</td><td>A,B,D 중 1개로
변경 가능함</td></tr>
<tr><td>D</td><td>4</td><td>A,B,C 중 1개로
변경 가능함</td></tr>
</table>

표 8-5 강봉 구조계의 최종 파손 확률 및 Safety

<table>
<tr><th rowspan="2">Event</th><th colspan="2">Event Index and Frequency</th><th colspan="2">Force P(kN)</th><th rowspan="2">최종 파손확률 PF(a) ③=①×②</th><th rowspan="2">Safety</th></tr>
<tr><th>Index Value (a)</th><th>Frequency $f(a)_{feq}$ ①</th><th>Value $P=f(a)$</th><th>파손확률 PF(P) ② Frequency</th></tr>
<tr><td>A</td><td>1</td><td>79%</td><td>87</td><td>0.38%</td><td>0.3%</td><td>OK</td></tr>
<tr><td>B</td><td>2</td><td>72%</td><td>91</td><td>21.26%</td><td>15.3%</td><td>OK</td></tr>
<tr><td>C</td><td>3</td><td>53%</td><td>97</td><td>96.88%</td><td>51.3%</td><td>NG</td></tr>
<tr><td>D</td><td>4</td><td>16%</td><td>105</td><td>100.00%</td><td>16.0%</td><td>OK</td></tr>
</table>

Frequency : $f(a)_{feq}=(100-a^3-20)\%$ (※ 임의로 가정한 함수)

Force : $P=f(a)=a^2+a+85$(※ 임의로 가정한 함수)

PF(P) : 누적파손확률분포곡선(그림 8-2)에서 Force P에 해당하는 값을 읽음

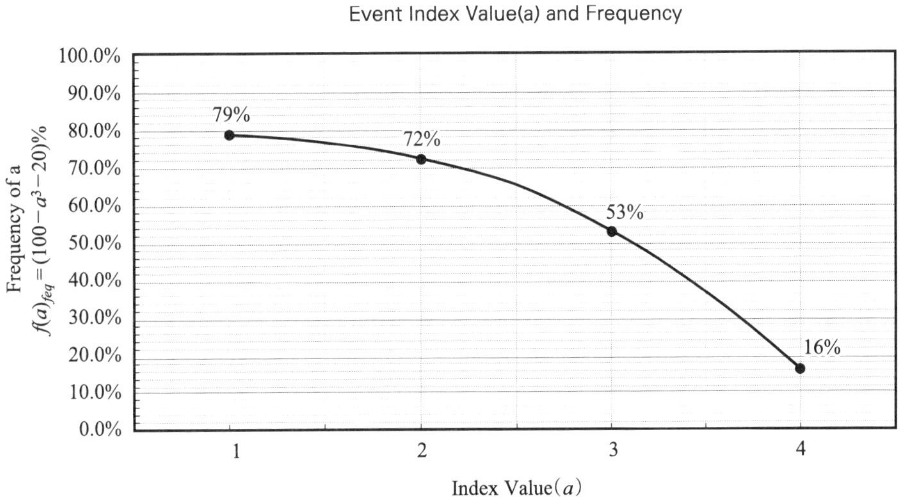

그림 8-3 Index a에 따른 Event 발생빈도(Frequency)

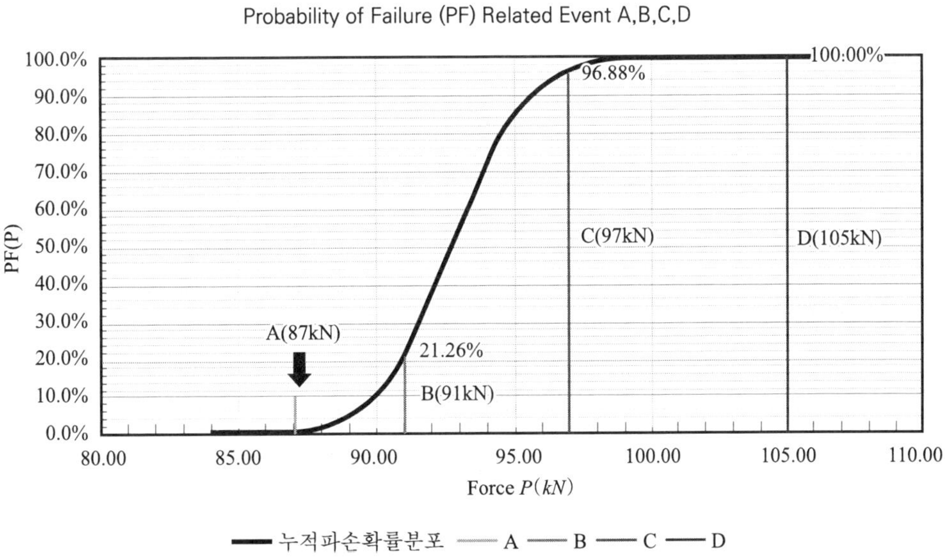

그림 8-4 Event 하중(P)별 구조물 파손확률

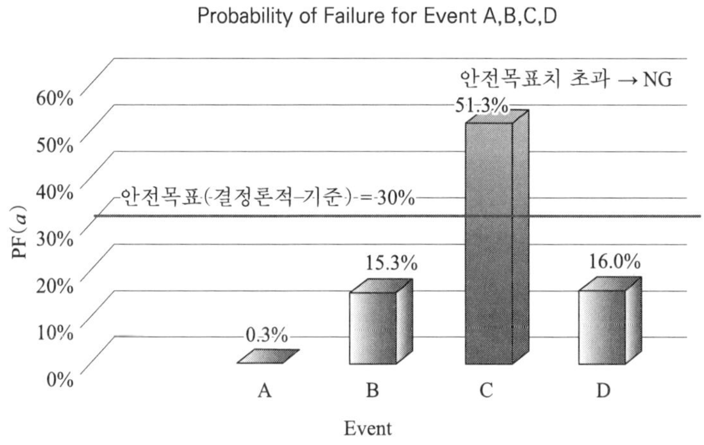

그림 8-5 각 Event 최종파손확률(Event 발생빈도 × 구조물 파손확률)

8.3 경제성 분석 및 조치사항

표 8-5를 요약하여 표 8-6을 제시하였다. 표 8-6에서 보이는 바와 같이 Event C에서 파손확률(PF(a))은 51.3%로 표 8-3에서 언급된 안전 목표(파손확률 30% 이하)를 만족하지 못함을 알 수 있다.

민간 상업시설에서 상기 고려된 Event C와 같은 사고가 일어날 것을 가정해 보자. Event C에 의해 강봉 구조계가 파손될 경우 결과적으로 심각한 비용 리스크가 발생할 것이다. 비용 리스크분석 또한 전문분야로 간단히 분석되는 사항이 아니다. 그러나 여기서는 간략한 항목들의 합산을 통해 개념을 이해해 보도록 하자.

표 8-7은 민간 상업시설에서 Event C로 인한 사고 발생시 비용 리스크에 대한 분석 결과이다. 표 8-7의 항목 및 비용 등

은 모두 다 필자가 가상으로 설정한 예시임을 다시 한번 강조하고자 한다.

표 8-7에서 보이는 바와 같이 Event C 발생시 각종 사고 손해 비용이 발생할 것으로 각 항목별 금액을 합산하면 총 10억이 된다. 최종 Event C에 의한 PF(a)가 51.3%이므로 비용에 대한 리스크는 51.3%이다. 비용에 대한 리스크라 하면, 10억원을 지불해야 하는 확률을 의미하는 것이다. 따라서 10억에 대한 리스크는 51.3% 이므로, 감당해야 할 비용 리스크는 5.13 억원임을 알 수 있다. 그런데 더 중요한 것은 표 8-7 우측 하단에 언급된 내용이다. 민간 상업시설(소규모 식당 혹은 판매점 등)의 여유자금은 최대 5억원이어서 5억을 초과하는 비용 발생시 업체는 부도 된다는 사실이다(※ 가정사항).

사실 모든게 가정이지만 가끔 실제로 유사한 일들이 벌어지곤 한다. 종류가 다르긴 하나 생각지도 못한 사고 발생으로 업체가 부도나거나 폐점하는 일들이 종종 일어난다.

표 8-6 Event별 최종 파손 확률 및 Safety

Event	최종파손확률 PF(a)	Current Safety	Etc.
A	0.3%	OK	30% 이상의 Risk는 감당하지 않기로 함
B	15.3%	OK	
C	51.3%	NG	유독 Event C의 파손확률이 타 Event와 비교하여 큼
D	16.0%	OK	

표 8-7 Event C로 인한 사고 발생시 비용 리스크분석 결과

항목		비용(억원)	비고
사고시 손해비용	물적 사고 처리비	2	피해자 물적 보상
	인적 사고 처리비	3	피해자 인적 보상
	복구 비용	5	손실된 구조물 복구
	기회 손상비	1	영업 정지기간 손실
	광고비용	1	손실된 이미지 복구
	합계	10	-
비용 발생 확률(%)		51.3%	-
전체 비용 리스크(억원)		5.13	여유자금 5억원 보유 사고 발생시 부도예상

표 8-7의 내용에 따라 여유자금 리스크 비용 5.13억원이 지출될 경우 여유자금 5억원을 초과하여 부도 발생이 예상된다. 이러한 극단적인 상황을 방지하고자 Event C의 발생방지 보강조치 혹은 Event 전환에 따른 리스크 감소 등의 조치는 필수적이다. 현재 상황과 예상할 수 있는 조치방법은 아래 (1) ~ (5)와 같다.

[Event C 예상 조치]

(1) Event C는 안전목표치를 초과하여 NG
(2) Event C로 안한 사고 발생시 5.13억원의 비용리스크 발생
(3) Event C의 전환 필요 → Event A, B, D로 전환 가능함
(4) Event C 다음으로 리스크가 높은 Event D로 전환함(현재 비용 발생)
(5) 비용 재계산 및 비교

안전성 평가 결과 Event D의 리스크는 16.0%이다. Event D로 전환 가능하다면 리스크 경감에 따른 리스크 비용을 줄

일수 있을 것이다. 이 예시에서는 전환 가능하다고 가정하였다. 그 외 Event C를 더 분석해서 위험요소를 제거하는 등의 Event C를 개선하는 방법도 생각할 수 있을 것이다.

표 8-8에서 보이는 바와 같이 안전성 평가 비용 1억원, Event 전환 비용 1억원을 고려할 때 현재 지출하는 총비용은 2억원이고, 이 금액은 현재 지출이 확정된 금액이므로 보정계수를 1.2를 적용하여 계산하면 보강 및 전환 비용은 2.4억원이 된다. 2.4억원을 지출하여 보강한 이후 감당해야 할 비용 리스크는 1.6억원이 된다. 1.6억원의 계산 방법은 표 8-7의 계산에서 Event만 C에서 D로 전환되어 최종파손확률이 당초 51.3%에서 16%로 개선된 결과이다. 이렇게 계산하면 최종 비용 리스크는 4.0억원이 된다.

이상의 결과 표 8-9에서 보이는 바와 같이 Event C에서 Event D로 전환함에 따라 1.13억원의 기대 리스크 비용 저감 총액이 발생하고 당초 대비 22.1% 비용이 저감된다. 그리고 가장 중요한 것은 Event 전환으로 최악의 상태 부도를 막을수 있다는 것이다.

표 8-8 안전성평가 및 보강조치 시행으로 총 비용 리스크 저감

항목		비용(억원) ※ 가정치	비고
안전성평가 및 보강조치 시행	안전성 평가	1	분석실시
	보강조치 혹은 전환조치	1	Even C → D 전환시 (D가 2번째 높은 리스크)
	보정계수	1.2	금리 등 금융 관련 변동으로 인한 미래가치 보정
	비용합계(억원) ①	2.4	지출 확정에 따른 미래가치 보정 적용
사고시 손해비용	물적 사고 처리비	2	피해자 물적 보상
	인적 사고 처리비	3	피해자 인적 보상
	복구 비용	5	손실된 구조물 복구
	기회 손상비	1	영업 정지기간 손실
	광고비용	1	손실된 이미지 복구
	합계	10	
비용발생 확률(%)		16.0%	당초 51.3%
보강후 사고 발생시 감당 해야할 비용 리스크(억원) ②		1.60	
최종 비용 리스크(억원) ③ = ① + ②		4.00	당초 5.13억원, 5억원 이하

표 8-9 안전성평가 및 보강조치 시행 전후 비용 리스크 비교

현황	항목	총리스크 비용(억원)	리스크	비고
당초	Event C	5.13	부도발생	-
전환	Event D	4.00	여유자금 축소	여유자금 1억원
기대 리스크 비용 저감 총액		1.13억원		당초 대비 22.1% 비용 저감

8.4 현장 고유정보 사용 불가시 대체방안 예시

앞 8.3장에서 확률론적 구조안전성평가 및 경제성 분석 결과의 개념에 대해서 살펴보았다.

그런데, 만약 현장 Event 분석이 불가능하다면??

Event 분석 결과를 정량적인 수치인 Index a로 표현할 방법이 없다면? 8.2장 8.3장과 같은 분석은 불가능할 것이다. 혹은 비용을 투입하여 연구를 수행한다면 분석 가능하겠지만 시간과 비용이 막대하게 필요할 것이다.

그럼 어떻게 해야 하나? 뭔가 방법이 없을까..? 당연히 있다. 5장의 결정론적 파손내력법을 이용한 하이브리드법(CDFM Hybrid)와 유사한 방법이다. 하이브리드법의 성립의 가장 결정적인 전제조건이 기억나는가? 활용 가능한 기존 연구자료와 분석자료가 있어야 한다. 그래서 그 자료를 활용하여 Generic 불확실성을 미리 계산하고 설계자료를 재분석하여 계산한 CDFM 결과에 Generic 불확실성을 적용하는 것이다. 따라서 현재로써는 특정 분야에서만 적용 가능한 제한적인 방법이다. 그 외는 딱히 생각나는 방법이 없는건 사실이다. 따라서 수요분야를 조사해 필요 분야에 적합한 관련연구 및 분석자료의 체계화가 필요할 것으로 생각된다.

원자력 발전 분야의 경우 상당히 높은 수준으로 안전성을 검증하고 있으며, 다양한 리스크평가가 이루어지고 있다. 원자력 발전소의 경우 다양한 리스크분석에 따른 자료가 축적되어 있으며 그로 인해 대표적으로 하이브리드법이 적용 가능한 분야이다. 원자력 발전소 지진 취약도 분석에서는 발전소 고유정보의 활용이 불가능한 예비설계 단계에서 이런 기술을 활용하여 충분한 지진 안전성을 확보하도록 유도하고 있다.

구체적으로 내진설계 지진요건에 대해 소개하고자 한다.

원자력 발전소의 내진설계에서 다루는 지진은 운전기준지진 OBE(Operating Basis Earthquake)와 안전정지지진 SSE(Safety Shutdown Earthquake)가 있다. 최신 노형인 APR1400 기준으로 SSE는 PGA 0.3g에 해당하는 지진이다. 원자력 관련 규제기관인 한국원자력안전기술원(KINS) 규제지침 16.6에서는 표준설계인가에서 규제 기준은 확률론적안전성평가 기반 내진여유도 분석 PSA-based SMA(Seismic Margin Assessemnt)을 수행해 고신뢰도저파손확률(*HCLPF*)가 SSE의 1.67배가 되도록 요구하고 있다. 표준설계인가란 현장고유정보와 상관없이 표준적으로 어디서나 적용할 수 있는 표준설계를 허가받는 것이다. 즉, 어디에 건설할지 모르기 때문에 당연히 현장고유정보는 없다. 대신 건설 가능 지역에 건설 하였을 경우 타당한 안전수준의 확보를 표준설계인가에서는 요구하고 있다. 그래서 표준설계인가에서는 건설 가능지역에 대한 언급과 타당안 안전수준 확보를 제시하고 있다. 그 타당안 지진안전수준이 *HCLPF*값의 1.67×SSE 확보인 것이다.

*HCLPF*값은 95% 신뢰도를 가진 지진 취약도 곡선에서 파손확률 5%에 해당하는 지점이고, SSE발생시 파손확률은 1% 이하로 *HCLPF*보다 낮은 수준의 파손확률에 해당하는 값으로 알고 있다. 원자력 발전소에서 SSE는 재해도분석 결과로부터 얻어지는 값이므로 매번 동일한 값은 아니지만 적어도 확실한

건 *HCLPF*값보다는 낮은 파손확률을 갖는다는 것이다.

그림 8-6은 95% 신뢰도를 가지는 취약도 곡선을 나타낸 그림이다. 그림에서 보이는 바와 같이 보강결과의 중앙값이 0.78g에서 1.0g로 증가 한다고 하자. 불확실성 즉 표준편차는 0.25로 변동이 없다고 하자.

SSE의 1.67배의 *HCLPF*값을 확보한다는 것은 어떤 의미일까??

초기 분석 결과와 보강후 분석 결과를 비교해 보면 취약도 곡선은 전체적으로 우측으로 이동한다. *HCLPF*의 정의(95% 신뢰도 취약도 곡선에서 5% 파손확률)에 따라 *HCLPF*값은 오른쪽으로 수평이동 한다. 그리고 SSE는 0.3g 이므로 SSE에 해당하는 값은 수직하강 이동하게 된다. 즉, SSE에서의 파손확률이 줄어드는 것이고, 취약도 곡선상에서 SSE와 *HCLPF* 사이 간격은 점점 멀어지는 현상이 발생한다. 그런데, 여러자료를 통해 분석한 결과 고유정보를 반영하지 않아도 *HCLPF*가 SSE의 1.67배에 해당하는 수준만큼 확보된다면 그 구조물은 충분히 안전한 것으로 인정해 주는 것이다. 이상의 사항은 설계법 자체가 *HCLPF*가 SSE의 1.67배만 넘으면 안전목표치가 자동적으로 충족되게끔 만들어져 있다는 것을 것을 보여주고 있다고 해도 좋을것 같다.

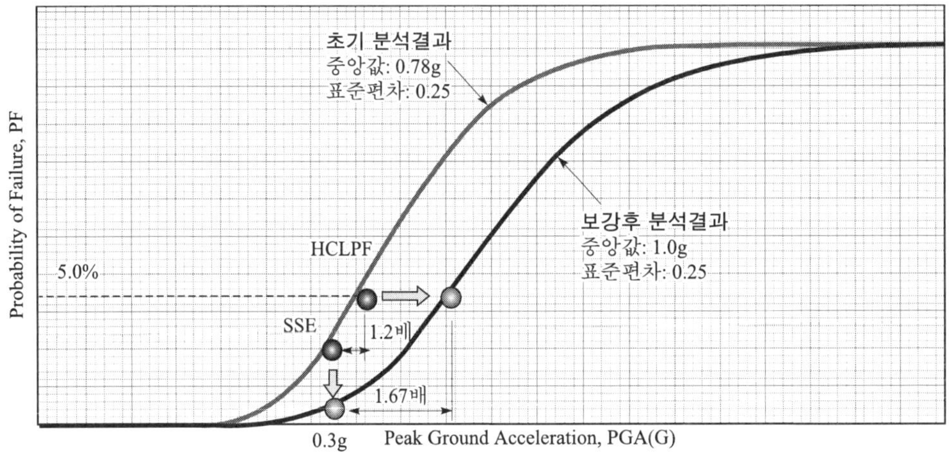

그림 8-6 95% 취약도 곡선에서 초기 분석 완료후 보강에 따른 SSE와 HCLPF 변화

이렇듯 현장 고유정보의 반영이 불가하면 성능을 어느 수준 이상으로 미리 올려버리는 방법이 있다.

불행히도 이런 경우에는 비용 리스크는 계산은 불가하다. 왜? 특정 사고에 대한 확률적 리스크 결과를 얻을 수 없고, 어디가 얼마 만큼 약한지 그래서 보강이 필요한지 알 수 없기 때문이다. 이걸 영어적 표현으로 "Not Applicable Risk Informed Analysis"라고 한다. 원자력 발전소의 경우 이런 방식의 지진 취약도 분석을 Seismic Margin Assessment(SMA)라고 하는데, 요즘에는 표준설계인가나 예비분석단계에서 수행하고 본설계단계에서는 발전소 고유정보의 활용이 가능하기 때문에 확률론적 지진안전성평가(Seismic PSA)를 수행한다.

원자력 발전소의 구체적인 사례이며, 이상의 사례를 잘 참조하면 다른 산업분야에도 관련 내용을 응용하여 적용 가능하고, 효과적인 선제적 방어 개념의 대안이 도출될 수 있으리라 생각된다.

참조자료

- 김권현, "기초 통계학의 숨은 원리 이해하기", 경문사, 2013.
- 김선진, "신뢰성이란 무엇인가 ?", 기계저널, Vol. 51 No.8, 2011.8.
- 김원종, "신뢰성 이론과 구조설계", 전산구조공학 논문집, 제12권 제1호, 1999.3.
- 문일환, 안성문, 김태영, "원자로건물의 확률론적 극한내압 평가", 2009 대한토목학회 정기 학술대회 논문집, 2009.
- 신현묵, 이재훈, "철근콘크리트", 동명사, 11판, 2018.3.
- 양영순, 이재옥, "확률론적 구조설계 최적화기법에 대한 비교연구", 한국전산구조공학회 논문집, 제14권 제2호, 2001.6.
- 양영순, 서용석, "구조 신뢰성 해석 방법의 구찰", 전산구조공학 논문집, 제7권 제1호, 1994.3.
- 양영순, "확률론적 구조해석과 그 응용", 한국항공우주학회 학술발표회 논문집, 1991.
- 임호진, "구조물의 확률론적 위험성 평가를 위한 기초연구", 공학석사 학위논문, 부경대학교 토목공학과, 2012.
- 최인길, "설계초과 지진에 대한 원전 지진안전성 평가기술 고찰 및 제언", 한국압력기기공학회 논문집, 제13권 제1호, 2017.6.
- 한국과학기술원, 서울대학교, "확률 신뢰성 이론에 의한 구조물의 합리적 해석기법과 신뢰성 설계기준 개발(III)", 과학기술처 한국과학재단, 1991.8.
- 정남수, 유광호, 박혁진, "확률론적 해석기법을 이용한 보은지역의 사면재해 안정성분석", The Journal of Engineering Geology, Vol.21, No.3, September, 2011.
- ASCE/SEI 7-05, , "Minimum Design Loads for Buildings and Other Structure", 2005.
- EPRI, "Methodology for Developing Seismic Fragilities", EPRI TR-103959, EPRI, Palo Alto, California. 1997.
- EPRI, "Seismic Fragility and Seismic Margin Guidance for Seismic Probabilistic Risk Assessments", EPRI 3002012994, EPRI Technical Report, 2018.

맺음말

업무를 하다 보면 여러 기관의 다양한 배경을 가진 분들과 기술적 논의를 할 기회가 종종 있다. 그럴 때마다 느끼는 감정은 확률론적 분석은 설명하기도 어렵고 이해하기는 더 어렵다는 것이다. 필자도 처음 확률론적 구조해석을 접할 때를 생각해 보면 너무나 낯설고 이질적이어서 힘들었던 경험이 있다.

필자는 확률론적 분석중 “지진 취약도 분석”와 “구조물의 확률론적 구조해석”을 주요 업무로 하고 있다. 이 책에서 다루고 있는 “확률론적 구조해석”은 지진 취약도 분석을 수행하기 위한 기초 배경지식 정도로 이해하면 좋을듯하다.

“지진 취약도 분석”을 많이들 어렵다고 느끼고 실제로도 어렵다. 생각해보면 “지진 취약도 분석”에는 건설분야에서 난해하다고 분류되는 과목들이 복합적으로 연결되어 있으니 어쩌면 어려운게 당연한 것 같다. “지진 취약도 분석”에는 “지진학”, “동역학”, “지진-동역학”, “콘크리트 구조해석 및 설계” 강구조 해석 및 설계”의 내용들이 연계되어 있으며 이걸 “확률론적 기법”으로 “구조해석”을 해야 하는 분야이기 때문이다. 하나도 어려운데, 몇 개씩이나 이걸 연계에 연계하니 처음부터 쉽다고 하면 거짓말일 것이다. 그리고 설계 전반에 걸친 개념들과 핵심사항들을 두루 알아서 재대로된 분석이 가능한 것이다. 어려운게 당연하니 너무 실망하지 말자.

누군가에게 설명하기 위해서는 내가 먼저 이해해야 한다. 필자는 단순히 계산과정을 따라가는 수준에서 벗어나고자 나름의 생각대로 이론들을 해석하고 쉽게 풀어서 이해하려고 노력하였다. 그 내용들을 나름의 방법대로 정리한 것이다.

필자 역시 이 분야를 공부하는 학습자로서 또 실무에 종사하는 현업자로서 필자와 유사한 어려움이 있는 사람에게 조금이라도 도움이 되었으면 하는 생각에 이 책을 정리한 것이다. 필자 또한 공부하는 과정이므로 내용중 일부 오류가 있을 수도 있을 것이라 생각된다. 오류가 발견되면 너그럽게 이해해 주길 바란다.

엔지니어링 성과물중 초안 보고서(Draft)를 작성하는 것은 가장 중요한 작업이다. 초안이 없으면 개정안이 없고 개정안이 없으면 최종 완성본은 영원히 나올수 없기 때문이다. 그리고 대부분의 중요한 아이디어는 초안에서 대부분 정립되기 때문이다. 최종 성과물은 최종보고서이지만 과정의 핵심은 초안보고서라고 생각한다. 확률론적 구조해석을 공부하고자 하는 이들에게 이 책이 조금이라도 도움이 되었으면 좋겠다. 그리고, 여러분의 지식 형성에 초안 보고서과 같은 역할을 할 수 있으면 좋겠다. 초안은 마련되었으니 지금부터는 각자의 최종보고서 완성하기 위해 한걸음 내딛는 용기를 갖길 바란다.

2025년 12월 최훈

AI와 4차 산업혁명 시대를 위한
확률론적 구조해석 쉽게 이해하기 정가 15,000원

저자: 최 훈

발행인: 임정대
발행처: 도서출판 구미서관

발행: 2026년 1월 20일

등록: 1979년 6월 29일 No.9-6호

주소: 서울시 마포구 신촌로2길 5-15
전화: 02-333-1101
팩스: 02-335-2201
http://www.goomibook.com

ISBN 979-11-6257-406-5 (93530)

저자와의 협의 하에 인지를 생략합니다.
파본이나 잘못된 책은 교환하여 드립니다.